狗狗去哪儿

北京篇

🐾 **狗狗去哪儿** 编著

中国水利水电出版社
China Water & Power Press

图书在版编目（CIP）数据

狗狗去哪儿. 北京篇 / 《狗狗去哪儿》编写组编著
. -- 北京 ：中国水利水电出版社，2014.12
ISBN 978-7-5170-2628-0

Ⅰ．①狗… Ⅱ．①狗… Ⅲ．①犬－饲养管理 Ⅳ.
①S829.2

中国版本图书馆CIP数据核字(2014)第240305号

书　　名：狗狗去哪儿北京篇
作　　者：狗狗去哪儿　编著

出版发行：中国水利水电出版社（北京市海淀区玉渊潭南路1号D座　　　100038）
　　　　　网址：www.waterpub.com.cn
　　　　　E-mail：sales@waterpub.com.cn
　　　　　电话：（010）68367658（营销中心）
企　　划：北京金海浪文化传媒有限公司
　　　　　电话：（010）88332797、88332189
　　　　　E-mail：xwang@waterpub.com.cn
经　　售：全国各地新华书店和相关出版物销售网点

印　　刷：北京市雅迪彩色印刷有限公司
规　　格：170mmX200mm　16开本　15.25印张　240千字
版　　次：2014年12月第1版　　2014年12月第1次印刷
定　　价：59.00元

目录

一个全新的
养犬时代

这是我遇到的最难写的一篇文章。因为有太多话要说，竟不知从何处落笔，仿佛所有的语言都无法表达我自己。矫情的话我不会说，唯有真诚地道出自己的内心独白。

当你们看到这本书，"狗狗去哪儿"已经快要过一岁生日了。我曾带着这个项目去给很多人讲解，经常被问到这个项目以后会发展成什么样子。我每次都坚定地说，我希望"狗狗去哪儿"可以开启一个全新的养犬时代。在很多人听来这是多么假大空的一句话，的确，这个答案或许很多人都会失望，因为我的答案里没有我可以挣多少钱，我可以卖出多少东西。但，我很倔强，我知道我要什么，也绝不妥协我的初衷。

我们都知道狗的平均寿命是14岁，而ta们要用将近8～9年的时间做两件事情：睡觉与等待。但ta们又在用14年做着同一件事：爱你胜过自己。在如何爱一个人这件事上，ta们具备与生俱来的本领，从遇见你开始，便不再虚度一分一秒。当我们与朋友聚会时，ta们在家百无聊赖地期待熟悉的脚步声；当我们外出旅行时，ta们被送去各种地方寄养。

ta们把我们当作整个世界，曾经也以为你家楼下小区的风光就是这辈子最美丽的风景。我们似乎理所应当地接受了狗不应该出入公共场所的现实，只是每每看到国外某个餐厅或度假村出现狗狗的身影，我们又心有不甘地转发与感叹。不知何时我们亲手为自己贴上了"弱势群体"的标签，偶尔挣扎但更多的是准备接受事实且安于现状。至少我们还可以选择最优质的狗粮，还可以买最新款的玩具去弥补我们内心很多时刻无法陪伴的愧疚。如果这就是最坏的状况，那么大概也不是那么难以接受。

后来，我们又频频在运往餐桌的高速公路上偶遇我们的小伙伴，我们一起经历了一年一度盛大的狗肉节，我们被教导着怀孕与养狗不可兼得，我们的孩子被一遍遍灌输"ta会咬你"！流浪狗越来越多，面对救助与领养我们都身心俱疲。前段时间网上流传如果狗狗会发短信的段子，我想如果ta们真的可以开口，大概第一句话会说"喂，我们的日子还会不会再糟糕点？"

我经常在想，到底是什么导致国内的养犬环境并不十分健康，而未来又会怎样。我看到自己两岁的孩子，在与狗狗沟通时会首先蹲下身子，与ta平视，再开口说话；我看到他把平时舍不得分给我们吃的食物分成两半，把大的一半喂给狗狗吃；我看到他们拥抱亲吻，我从一个两岁的孩子眼里看到了平等与尊重。而这，恰好是我们在这个社会上很难再找到的东西。因为不尊重，所以宠物狗做盘中餐；因为不平等，所以任意抛弃！

想找回平等与尊重，我想首先是接受。我们一直在说多些陪伴，少些等待，而在这背后我真正想向你们表达的，首先是ta们值得我们这么做。我相信所有养狗的朋友们都会觉得这些场景很熟悉：在你生病的夜晚，哪怕小小的一声咳嗽，ta都会立刻起身到你身边紧张地守着你；出门在外，如果有人跟我们大声说话，ta会立刻警惕状态目不转睛地盯着对方；ta讨厌游泳，却在你假装溺水的瞬间毫不犹豫的把自己扔进水里，紧张地狗刨奔向你身边；即使你上一秒因为ta咬坏了你心爱的鞋子动手打了ta，下一秒ta还是会摇着尾巴凑到你的身边……ta们给予我们的，是无论老天爷让我们遇到何种意外，我们都踏实地知道至少有个ta永远在家等待我们。而我们也竟然愿意为了很多人眼中这渺小的生命变得勇敢与坚强。或许某种程度上ta们的确微不足道，但有时ta们又强大到让我们看清自己的自私与懦弱。

多些陪伴，少些等待。接受之后我想是改变。为了这份改变，我们走上了"狗狗去哪儿"这条路。我们想要做的，远不仅仅是告诉你哪里可以带狗这么简单。我们希望你们可以带ta们去面对社会，希望通过我们的努力开启更多扇愿意向ta们敞开的门，我们希望每一扇门里不但愿意接受ta们的出现，也给予ta们理应受到的尊重！用更多的陪伴改善ta们的生活质量，用更多的尊重换回更好的养犬环境！

我们，要和你们在国内掀起一场陪伴革命，我们要开启一个全新的养犬时代——我们的孩子，牵着他们生命中最重要的朋友，一起在旅行的路上。所到之处，陌生人都投来善意的微笑，仿佛这是一道寻常而美丽的风景。

这次，我们不再妥协！

狗狗去哪儿创始人　李晨
2014 年 9 月

你好，狗狗去哪儿

创始人／李晨
图／LML FAMILY

曾经我们养狗是这样的...
只要你玩的开心，我的午餐是经典永恒三选一；
驴肉火烧/香河肉饼/汉堡包
但我依然觉得只要你玩的开心就很满足！

一起出去旅行的日子，被大小旅店拒之门外又
有什么关系呢，重要的是我们在一起啊！

但我的心里总是在不得不分别的时候隐隐作痛。
我知道我无法跨越的不是不能在你身边陪伴，
而是你始终得不到应有的接纳与尊重。

我希望...

有一天公众的大门向你敞开，不但意味着我们可以
有更多相互陪伴的时光，还有我们之间的平等。

于是...

——2013年11月，"狗狗去哪儿"的想法诞生了。
我们的生活原本就是你的生活！我辞掉工作，开始
朝着梦想前进。其实我也不知道未来的路会怎样，
至少我知道我做的事情是有意义的。

开始的日子真的很辛苦...

我和支持自己的闺蜜，在北京最冷的日子，走遍大
街小巷，敲开每一个愿意接纳狗狗的商户。遭遇很
多质疑与不解，但我们互相打气，从着涩到二皮脸，
这个过程很撕裂！

我们的团队壮大了...

——2014年6月，我们的团队已经有8个人，我们开通了全国13个城市的狗狗出行信息，我们的app【狗狗去哪儿】终于与大家见面了。由于团队的年轻，产品有很多问题，但诚意十足。我们要做中国第一遍狗神器！

狗狗去哪儿APP

2014年9月，团队扩充到15个人。来自各行各业的小伙伴们都怀着与我相同的梦想。我们愿意一起努力，通过今天的改变，在中国开启一个全新的养犬时代。

你好，我生命中最重要的朋友！

多些陪伴，少些等待。@狗狗去哪儿

官方微信

狗狗去哪儿编写组

李晨　　　王超　　　申情子
刘奕辰　　赵婕禹　　陆倩
黄瀚涛　　赵鸿翔　　常宁晨
宋楠　　　张冉　　　思龙
吴飞

你的狗狗，
社会化合格了吗？

@六只脚宠物训练

美国训犬界教父伊恩唐拔博士说："在狗狗三个月之内，应该见到至少一百位男士和一百位女士，主人有责任请朋友装扮得各式各样来家里开 party。在疫苗未完成之前，应该抱着狗狗去街上、超市等安全且充满友善人们的地方。应该带狗狗参加幼犬社会化课程，教导狗狗学习与人交往、与狗交往、适应各种环境、适应各种声音。"

很多中国的狗狗主人看见这段文字时不禁惊讶，三个月？好像我们家狗狗三岁了也没做过这些事情。狗狗难道不能就一辈子养在家里吗？狗狗外出多危险多脏啊？狗狗会看家不好吗？

在六只脚的上课案例当中，缺乏社会化而引发的严重行为问题占绝大多数，主人们一直认为狗狗的"凶恶""攻击""坏"到底来源于哪里？

可能我们一直误解了狗狗。

所谓的"社会化"，其实很简单，环境社会化、与人社会化、与狗社会化。好的社会化训练，让狗狗变得更安心、更稳定、更乖巧。

我们身边狗狗已经和它们的祖先不同，不需要生活在草原、森林里，也不需要牧羊、打猎、捕鱼、看家，它们已经被称为"宠物"，是人们身边的家人、朋友，是用来宠爱的，而不是工作的。

它们不再需要为寻找食物、寻找领地等事情担忧，它们面对最大的难题是，如何适应这样的人类生活。大自然中没有各种各样城市的噪音、没有各种各样的车辆、没有穿着各异的人们、更没有热爱战斗的"家犬"，当幼犬错过了最佳社会化阶段，青春期开始它们突然惧怕很多东西，变得神经质、吠叫、敏感多疑、爱争斗，让主人头痛不已。也许从此更糟糕的是，主人因为害怕惹麻烦，所以干脆再也不帮助狗狗进行好的社会化训练，于是恶性循环。

如果我们可以给它们提供足够的生活空间，而不是拥挤的城市。如果我们可以给它们解决一切生理需求，而不是因发情受到干扰。如果我们可以给它们提供符合它们犬种特点的工作机会，而不是日日圈养。那就不会出现各种各样的行为问题了。

我们既然无法改变目前的生存环境，又无法克制地希望去养狗，社会化是您最需要给狗狗的福利，这个福利更高于美食、精致护理、漂亮配饰，这些福利关乎它的生命和健康。

很多狗狗只要变化环境，郊游、做客、寄养等等，就会拉稀、皮屑增多、食欲不振、呕吐、皮肤发病，去医院检查之后发现，是因为免疫力下降导致的问题，狗狗处于强大的压力之下，就会影响免疫力，造成各种各样的健康问题，而长此以往，也许就不是简单的小毛病了，危害的可能是它的生命，这不是危言耸听。

　　曾经我们接触过一个极度缺乏社会化的
狗狗案例，这位狗狗名叫德奥，是只德国牧
羊犬，它拥有着牧羊犬的敏感谨慎，但身体
状况却不是印象中德牧该有的威武。我见到
德奥的时候，它已经两岁了，瘦弱的身体上
面顶着一个巨大的脑袋，体型非常大的它看
似营养不良。

　　一对中年夫妻带它来找我，看得出来主
人非常爱它，尽可能给它最好的生活。北京
的九月，天气凉爽，户外的清晨，更是非常
舒适。可是德奥却没有享受这一切，它一直
张着嘴巴，大喘气，不停地喝水盆里的水，
一盆接着一盆。主人很心疼地看着它，不停
地给它换水，安抚它，不过这样做似乎没有用。

　　作为训练师我们大概明白了德奥的问题，在陌生的环境下如此焦虑不安，极速喘气口渴，
以及皮肤干燥，消瘦。都说明这是一只经常生活在不安里的狗狗。

　　德奥的主人说，家里条件不错，各地有好几处别墅和公寓，它从小养在别墅，一岁之前
几乎没见过生人，遛狗就去别墅附近的湖边，家里养的狗多，也鲜少来人。可自从八九个月开始，
德奥就表现出很强的攻击性，对外面的陌生人，来家里的保姆、送水工甚至女主人，都会攻击。
最严重的一次是德奥晚上睡觉，女主人上厕所回来，惊醒了睡梦中的德奥，被德奥一口咬住
肩膀，导致撕裂伤。

德奥仿佛是一颗定时炸弹，凶猛而有危险性。而男主人一直认为这是德奥爱他的表现，因为爱他所以要保护他，保护这个家。

其实，对于德奥来说，它只是因为极度缺乏正确的社会化，从而对人、对环境产生极大的恐惧而产生的攻击。而这种恐惧不仅仅是通过攻击表现出来，德奥无法适应各种环境，承受着自身无法缓解的压力，导致身体消瘦、营养不良、免疫力下降。

德奥已经拥有了其他狗狗没有的生活条件、居住环境。但是它无法避免要接触人类社会的一切，可惜它还没有学会怎么去认识。遗憾的是，后来主人还是放弃了通过训练来改善德奥的状况，我想他们也许因为心疼、或者觉得麻烦，其实他们不了解的是，给予它平静安全的狗生，才是它最想得到的爱。

而另一个是发生在动物医院的狗狗安乐死案例。

那只博美应该是八岁的年纪，虽然步入老年，但身体尚好，没有什么威胁生命的重大疾病，从病理方面判断，实在没到要安乐死的地步。带它来的是一位八十多岁的老奶奶，据当时医院医生说，这位老奶奶带它来这边不止一次了，转了转就又带狗狗离开了。

这次来，老奶奶一进门就哭，她表示要给这只叫花花的狗狗实施安乐死，医生询问原因，原来这只狗狗是老奶奶和老伴儿养的，从小养大，没分开过。今年老伴儿身体不好，住院了，儿女都忙，根本无暇照顾老伴儿，只能由老奶奶亲自照顾，但花花只要与老奶奶分开，就在家叫一整天，送去朋友家或亲戚家，就不吃不喝，还吠叫不止，一点办法也没有。

老奶奶只好每天送了饭去医院，又赶紧回家陪花花。但是老伴身体一天不如一天，现在已经无法自己进食，老奶奶必须住在医院陪护。家人一致要求放弃花花，安乐死成了他们最后的办法。老奶奶实在没有办法，只好同意带花花来医院。

狗狗生病，自然可怜，医生很伟大。狗脏了，自然难看，美容师也不容易。可是，狗狗害怕的时候，不快乐的时候，日日生活在巨大压力中却无法说出来的时候，又有谁能明白？这也是我们开办六只脚宠物训练的原因。

在花花过去的八年内，如果有人让奶奶知道社会化这件事，如果奶奶带它去亲戚家住一住适应过，如果它被其他朋友家人照顾过，如果它学习过独立，也不至于有这样一个结果。

所以今天，六只脚在这里，和"狗狗去哪儿"一起，告诉大家，为什么要让狗狗有良好的社会化。

回到文章开头伊恩博士的话，关于"三个月"的年龄，前三个月是狗狗最好的社会化年龄，错过了就需要用更多更多的时间来弥补。社会化训练，预防更重要。在狗狗年幼的时候，不需要学习坐下、趴下等服从项目，这些项目等它们长大之后学是非常容易的，它们需要学习的，最重要的，就是怎么做一只生活在人类社会中的狗。

在欧美国家、日本，都会有各种各样的狗狗幼稚园，训练师会教导主人如何培养狗狗的社交能力，如何适应不同环境，如何学习独处等等。只有上过这样的课程，狗狗才能有合法身份，这是政府强制要求的。所以有的主人感叹，怎么美国街上那么多狗狗都没人害怕，ta 们可以进超市，也不乱叫也不咬人也不打架。我想原因，大家都明白了吧？

那么如果我们已经无法避免地错过了狗狗最佳的社会化年龄，怎么办？就像我们的浅黄白色边境牧羊犬 roca，它五个多月才到我们身边，五个月前它生活在犬舍、宠物店，繁殖者已经给了它尽可能多的与人、与狗社会化的机会，但无法避免的是，它还是缺乏了某些方面的社会化，比如声音、物体、环境。

所以 roca 在此后的生活里，经常被突然出现在客厅或者街边的纸箱、西瓜、雨伞等东西吓到，经常被突然出现的巨响、奇异响声吓到，也经常被某些穿着古怪动作诡异的人吓到。当然这也和它与生俱来的边境牧羊犬天性有很大关系，敏感体制的个体差异也是原因。

我只能说，roca 很幸运，因为它是我们的狗狗。所以我们没有任由其发展下去，而是花了非常多的精力帮它做脱敏，现在的它基本已经可以快速处理自己的情绪，适应各种环境和事物，它没有出现任何吠叫的状况，没有攻击的状况也没有焦虑引发的健康状况。它只有在非常特定的情况下才会有无法缓解的恐惧，但作为主人，我们至少也知道如何帮它应对，让它越来越进步，越来越适应。

如果你不是训练师，该怎么办？请您现在拿出纸笔，第一张写下您狗狗害怕的

事情，害怕时的表现是什么。第二张写下您平时带它出去的次数有多少，是否带它去朋友家、有多少次会带它去小区以外的陌生场所。第三张写下您家的狗狗平时吃饭挑不挑食、最爱吃什么、在什么情况下是绝对不肯吃东西的。

最先解决的是狗狗第三张纸上的问题，如果您的狗狗挑食，那么您的社会化训练难度加倍。如果ta什么都爱吃，恭喜您，我们可以到第二张纸上看一看。

第二张纸上，如果您带ta外出次数是以周计算，去朋友家和陌生环境是以零计算，那么可能需要从这里开始改变了，而改变的方式很简单，多次少时的外出。主人们千万不要带狗出去就是一两个小时，这样的强度

有可能变成一次糟糕的社会化经历。刚开始社会化训练不要选择人多车多的地方，狗公园这样狗狗很多的地方更是地狱，朋友家也需要选择相对安静的环境。到了这些地方，它只需要做一件事情，就是吃东西，吃最美味的东西。不挑食的狗狗可以吃自己的饭，把喂饭的地方从家里移到您需要做社会化的场所。所以，不爱吃的狗狗，可能先得解决挑食的问题。

后两张纸的内容完成了之后，该第一张纸了，最重要最难的部分就是第一张纸了。找出ta会"崩溃"的事情吧，比如放炮、陌生人、汽车。然后从ta最容易接纳的方式开始做训练。刺激一定要由低到高，切勿一下给予刺激过高，让狗狗重新回到恐惧状况。这类的训练最好寻找有先进方法且正向的训练师指导，如果这位训练师提供给您的方法带有任何处罚、恐吓以及让狗狗惊吓过度的，请您千万不要选择他／她，否则一切只会更糟糕。

这是所有人都可以试着去尝试的三步改变，我们无法确定你能改变ta们多少，但至少你迈出了第一步——关注ta们的内心健康。只要你肯去关注，并逐步做出改变，相信ta们就会离真正的幸福越来越近。最后，我想说，带着您的狗狗去享受阳光、自由，带ta们正常地出入公共场所，去餐厅吃饭，去度假，让ta们可以应对各种各样的状况，可以坦然面对各式各类的麻烦，这才是最好的养狗方式，才是最好的爱。

养宠达人聊出游

"它的一天，人的七天……
它的一天，人的七天……
他的一天，人的七天……
他的……"

享受"还原"的旅行

@野老多

它到他的演变，是顺其自然的，至少在我们眼里。

电视台、电台采访，都让我讲述过和太狼的经历，节目内容更多的是相识的纪念日，以及平时在家的真实互动。但关于我们，最希望分享的是旅途。

和大家一样，在都市生活中选择伴侣性宠物，目的只有陪伴，无论是家里那些

温馨互动，或是郊游时的形影不离，那么强的画面感当然令人憧憬。但我和太狼的故事总会有意外出现，让那些看似千篇一律的旅游，与众不同。

7年中，我们的足迹走过北京城内可以带宠物游玩的各大景点，离京较近的海边，山西的平遥古镇，西安的小吃街，宁夏的沙漠，敦煌的无人荒野，甘南的湿地草原，青海湖畔的油菜花田……太狼可以说是全国经历过旅途最多的伴侣犬之一了。我们的特点是，所有行程，没有车队，没有随行人员，闯世界的，只有我们。

小时候总在国外电影里看到那些改编的故事，自己也幻想过当主人公。直到家庭成员的名单里有了太狼，才可以把看似不真实的梦想，一步步实现。有时和动物专家聊天，他们会质疑，哈士奇过度兴奋的天性并不适合长途旅行，为什么我还会冒险，选择独自带他横穿中国，理由很简单——"还原"。

　　无论是时代的进步，还是都市生活的嘈杂，我们总希望选择一个需要放任的时段，来一场说走就走的旅行。而束缚我们脚步的，是依赖性的态度及匮乏的户外常识。但每当看到太狼——一个无论你心情如何，都会与你相依相伴的朋友时，为何不去信任他无论何时都能风雨无阻不离不弃呢？所以，带着和你有 7:1 生命比例的伙伴，走起吧，记住，别给"享受还原"加过多的理由，还原本真就好。

　　我用几个真实的情景带你进入我们曾经的画面：

　　穿越沙漠时，我和太狼一起趴在地上等待细沙中可能会冒头的小蜥蜴

　　原始森林里，太狼一门心思地追逐野兔，我在远处不停歇地呼喊他的名字

　　门源的万亩油菜花田中，两个身影在悠闲地散步

　　高原的山崖边，我们俯下身子，眺望山河美景，虽然那时的氧气并不充足

　　草原的夕阳下，我们并排坐在一起，直至太阳消逝在地平线……

　　待续……

带狗骑行　环游中国

@梦骑士寻梦记

　　这是一个关于寻梦、环游中国、单车和一只金毛狗狗的故事。

　　我们不想强调什么，只希望尽量真实地还原我们的这一段经历以及透过那些经历展现一个普通养狗人的内心平凡而多彩的生活。

　　也许在文字和图片背后，你能读到些别的，比如：养狗还有另一种方式，人生还有另一种可能。

2012年6月2日，天气很热，我和丈夫关东方双双辞掉北京的工作，带着我们的金毛犬，骑着单车上路了。

第一阶段是京杭大运河沿岸城市；第二阶段，下江南；第三阶段，滇藏线。这是我出发前在微博上给朋友们的留言。这场环游中国的单车旅行原计划一年半完成，然而骑过一段时间后，我们把计划拉长到了五年。

旅行不再是苦行僧式的赶路，而是结交朋友，走走停停。为了筹钱我们摆地摊、开淘宝店，在路上渐渐小有名气，被电视台请去做节目，被杂志社邀请做专访，机缘巧合踏入宠物圈……旅行不但改变了性格，也改变了生活。

和不少辞职旅行的人一样，我和丈夫的工作非常忙碌。眼看已过而立之年，生活似乎一眼望到了头，这总是让我对未来隐隐担忧。

由于工作原因，我认识了一群"户外牛人"。正是这些人，给了我最初的动力。这是一群"与众不同"的人，他们的价值观和普通人不太一样，他们热衷于倾听心底最真实的声音，他们改变了我！

辞职旅行，单车环游中国，这听上去既刺激又新鲜。但冷静下来后，我们想到了现实问题：彼此都从来没接触过户外，骑行基础几乎是零。另外，毛毛怎么办？

毛毛是一只四岁的金毛犬。如果旅行计划里没有她，毛毛就要被送走，天涯海角，不知何时再团圆。这是我俩都不能接受的事情。于是我们当即作出了决定：带上毛毛环游中国！

接下来的半年里，我们紧张而有序地准备着。学习户外知识、存钱、查阅路线、置

办装备……最头痛的还是毛毛。在打过无数个电话后，我们终于在台湾找到一家愿意订做单辆宠物拖车的店。一切准备就绪，2012年6月2日，两个人一只狗，从北京出发了。

我们原定6月1日出发的，那天5点多就起床了，却发现外面大雾。我们给自己找了个借口，推迟一天。其实雾天不影响骑行，可能还是内心有忐忑吧。我丈夫说，"第二天还是大雾，也不能再拖了，再拖可能就真没勇气出发了。"

我俩对骑行没有太多概念，第一天只有一个目标——骑出北京城。刚上路一切都是新鲜的，闻到路边的草香，听到树叶被风吹动的声音，都让我们兴奋不已。但很快，两个人发现事情没有那么简单。

算上毛毛和拖车的重量，我负重100斤，丈夫负重150斤，这让我们的速度始终提不上来。毛毛不愿在拖车里坐着，几次想跳车，路上有水的地方都要跳下去玩一趟。出了北京，就是廊坊，一直觉得是在廊坊的山头活动。毛毛一路上折腾，这让我们觉得到达终

点的可能性不大。我们最终骑到了天津武清区，在警察的指引下投宿到一户农家，那时已是晚上七点半。老板娘笑我们"像两个打败仗的士兵。"当时太累了，脑袋里什么想法也没有了。毛毛不吃不喝，钻床底下就不动了。

在路上，一切都一样，一切又都不一样。第二天，我俩发现武清郊区有家孤儿院，当即决定去做义工，这在北京也许是不可能的事情。四天义工生活中，毛毛成了最大的明星。孩子们每天起床后，第一件事便是冲向操场上我俩的帐篷，喊着："毛毛！毛毛！"。起初还担心毛毛会撞到孩子们，但毛毛一敛常态，对孩子们十分温柔。

第六天，斗罢艰险再出发。有了第一天的经验，我们改变了骑行节奏，出城先骑车带着毛毛跑一段。路上总会遇到骑友，随意的几句问候，也是消除旅途疲惫的良药。时间久了，毛毛不再频繁跳车，我们也逐渐进入状态。

旅行，最初是一种震撼，之后慢慢变为一种生活。路还远，时光还长，日子渐渐流淌起来。路上的朋友很多，故事很多，感动和期待也很多。

骑行泰安的那一天，我第一次有了搭车的想法，真的太累了。过了济南我们越骑越费劲，也没风，但就是骑不动。后来看码表才发现，原来一直在缓上坡。

快到泰安内环时，我们手里的导航仪显示，我俩已从海拔 50 米上升到了 550 米，骑行近 80 公里。此时，我俩都以为胜利在望，并开始规划晚上的住处。谁也没想到，再往前一点儿，一条 21 公里的盘山路会赫然出现在眼前。

当时连个鬼影都没有。到后来，我们每蹬一圈，都要用手去按膝盖。临近泰山脚下，我们已骑得很慢，似乎是在耗尽当时仅剩的

一点意志。就在这时，毛毛跳下车，开始在前面领跑。最后 10 公里的动力都在毛毛身上了。当时怕她跑丢了，所以拼了命也要往前骑。其实那时候根本走不动了，因为她，我们才坚持下来。

从淮安到南京的路上，夕阳西下。为了尽快找到住处，丈夫带着毛毛在前面骑得很快，我跟不上了。疲惫中，我发现毛毛坐在拖车里，不住地回头看，怕我掉队。当时那种感觉，太温暖了，也给了我莫大的动力。我们当时都没想到，因为一趟旅程，毛毛在我们彼此心中的位置，正悄然发生着变化。最开始毛毛是宠物，是玩伴，走到现在绝非

这么简单了。我想她是伴侣，或者说是家人，我们是密不可分的家人了。

在微山湖，我们偶遇当地的骑行俱乐部。车队里有位"老大"，很是羡慕两人一狗的骑行生活，作为犒劳，大哥开着私人游艇，带我们一家三口到微山湖里兜风，开着房车去吃西餐，为了毛毛包下全场看电影。结束后，又安排我们住进总统套房。旅途虽然辛苦，却也多彩而丰富。

如果之前路上是骑友多，那么从淮安开始，我们两个人则跨入了宠友的圈子。淮安距离宿迁 120 公里，两个人各自拖着 100 多斤的行李，骑到淮安会很晚。住宿怎么办？

当时还没有"狗狗去哪儿"，如果有该多好啊！我只能在当地论坛求助，没想到，真的有人回应了。一个宠友听说我们的故事后，主动向我们发出邀请。我们当时最感动的是他的妻子说，"快来吧，我们做好地道的淮扬菜等着你们。"

我们两人一狗的骑行故事在微博上火了起来。在江苏的各个城市，我俩被电视台、杂志社请去，做宠物节目、做专访、开分享会。在当地的宠物圈子，我们也渐渐小有名气。

旅行不再是单一的骑行投宿，而是一种全新的生活体验。我们开始边走边赚钱，在夜市上摆地摊，出售自己制作的明信片；开淘宝店，出售一路上的土特产；也是这个时候，我们把最初一年半的骑行计划，延长到了五年。

很多骑友都是苦行僧式的，每天赶路，到一个地方只是投宿，不多停留。我所理解的骑行不是这样的。对我来说，骑行是一种生活。

我们每到一个地方做沙发客，住下来后，会到市场上买点柴米油盐，自己做饭。停下来，可以在雨后观察天空的色彩，可以在菜场与人讨价和闲谈。融入当地人的生活，会感受到更多。

这场旅行改变了我。在北京的时候，我是不愿意开口麻烦别人的。而现在，我更加享受和朋友们互动的乐趣，性格上更开朗，更喜欢与人交流。而对于毛毛，她带给我们太多。对于路上的一切，她可能不懂得很多，重要的是我们在一起，已经不可分割。

从北京出发前，我在微博上写过这样一段话："据说，古老的印第安人有个习惯。当他们的身体移动得太快时，他们会停下脚步，安营扎寨，耐心等待自己的灵魂前来追赶。有人说三天一停，有人说是七天一停。总之，人不能一味地走下去，要驻扎在行程的空隙中，和灵魂会合。"

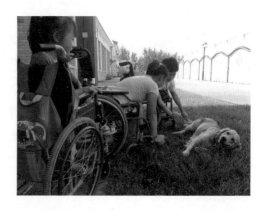

　　现在，我们也在做着同样的事情。在我看来，停下来不是放弃，而是为了更好的启程。而带着毛毛一起启程，让我更深地感悟到了我们原本不曾体会的事情，那么美好、幸福。

@尖牙西西WEST

没老实一会儿……

回家时，

走啊，
咕噜麻！
送你们
回去！

突然！！

哇。

这货吐了？！

不用了，
我觉得
还是这
样适合

这货。

再后来……

这货就
开始一直忧郁的看风景"

在一起的这一路

@我是牛顿比力提

没有狗狗参与的旅程，在我们看来，就犹如忘记放辣椒的川菜，淡然寡味，徒具形式，因为我们把哥俩儿视为不可或缺的家庭成员，缺之憾已。他们在旅途中的开心表情，跟家里是完全不一样的。在大自然中肆意奔跑，他们得到一种更贴近本能的情绪释放。

芸迪斯和牛顿子是我们家的两条边境牧羊犬。哥哥芸迪斯已经 4 岁多，沉稳淡定，

凶凶的外表下藏着一颗敏感的心，在家是帮弟弟"擦嘴"，帮妈妈"拖地"的二号勤劳成员，在外是保护弟弟，照顾全家的暖男。弟弟牛顿子 3 岁，外号科学家（又称哥伦布），聪明至极，会用不同的方式表达自己的意愿和喜好，超级喜欢探险，估计是完全将自己当做小人儿，每晚睡前会挑一件自己喜欢的睡衣给妈妈，时刻监督妈妈开空调，以保证能在清凉环境下跟哥哥"塔防"。

出门在外旅行，或短或长，很明显能看出来哥俩儿那别样的兴奋。在山间奔跑，在溪水游戏，在草地，在花田，在海边，我们一起看日出，等日落，不分离……哥哥用严肃的表情一直"押车"，直到收费站取卡时那一声"嘟"便瞬间昏睡过去；在大峡谷，爸爸抱着 50 斤重的移动大米（牛顿子）过铁索桥，双手"残废"了两个月；在观音山，妈妈跳下瀑布群勇救探险的"哥伦布牛"，双手刮伤；在安徽宏村，哥哥第一次看见威猛高大的骏马，四脚发软掉下麦沟，顿子却很淡定地摇尾巴打招呼；大年三十，顿子在云南和顺油菜花田误入泥潭成为"穿泥靴"的狗，

被妈妈提溜着去洗澡还咧着大舌头对妈妈坏笑；在平海挖沙坑埋宝藏，拍海浪看烟花；在热海大滚锅一起吃温泉蛋啃土豆；在腾冲穿越丛林麦田爬火山顶坐气球，哥俩满身的荆棘和干玉米叶，酷似武装的"波斯王子"；在洱海环海一周后找一块安静的地方坐着等日落；在竹海石林感受在神秘的仙境里玩捉迷藏，击退猎狗；在巍山赶集市走古宅坐马车买牛肉，哥俩还为这块牛肉狠狠地打了一架；在普者黑滚草地睡午觉，在诺邓吃火腿，走盐马古道晒到鼻头发红；在奇洞温泉哥俩因打包回来一锅清水煮鸡打架，于是温泉之旅没泡到温泉却只能在房间里一人拉着一狗呆坐一天……

回忆真美，也许当时很累很恼火或者很无奈。毕竟带狗狗出门旅行并不是轻松的事情，不仅要面对其他游人的侧面，还容易被景区、酒店和食肆拒之门外，但我们努力，再努力地争取和他们一起的机会，做好主人应尽的责任，如牵引、清洁、拾粪便及应有的礼让等等，很幸运也很感恩每次遇到的人，更贴心的是哥俩儿的懂事，让我们的每一次旅程愉快，完整。

在一起的这一路，我们珍惜每一段旅程，我们要带着哥俩儿走遍中华大地，带着他们去看每一处风景，感受每一处生活，和他们一起走下去，用我们的方式记录这四双小脚丫的行走痕迹和他们的故事。这一切只因，我们彼此深爱着。

海边的
难忘回忆

@小竹子殿下

炎炎夏日，很多主人都会选择带狗狗去海边疯狂地奔跑玩耍，扔扔飞盘、丢丢沙包，做做日光浴，或者一起在大海里 PK 游泳……也许你还会贪恋着潮潮的海风，和狗狗一起坐在沙滩上享受退潮后的夜风，在海边搭个小帐篷欣赏海上升明月，简直爽歪歪！

在 kid 年仅 8 个月大的时候，我们带着它去辽宁绥中的止锚湾度假，开启了 kid 狗生中第一次与大海的亲密接触！

kid 第一次去海边，为了安全起见，我们选择了封闭的海滨浴场，这样不用担心它会跑丢，而且还能遇到很多带狗狗来玩的"狗友"。

第一次下海，作为一只雪橇犬，面对"海"这个东西，kid感到了茫然，它在浅滩处原地转圈跳跃，激动地嗷嗷叫。我和老公慢慢走进海水深处，kid见我们走到海里，自己又不敢向前，对海水的浮力手足无措，只好慌张地对着我们汪汪大叫，我怎么叫它它都不肯前进一步。

我听说狗都是天生会游泳的，但是kid不敢下水怎么行呢？我看旁边那只游泳健将金毛，一次次与浪花搏斗，完美迅速地捡回主人抛掷的球。再看看kid在

沙滩上原地跳脚的傻样，便觉得十分汗颜。这时我老公想出一个馊主意，我们站在齐腰深的海水里，对着kid挥舞着双手，声嘶力竭地大喊："kid！救命啊！"这时我完全没想到的事情发生了：kid耳朵倏地竖起来，整个狗挺拔地站定了，一个跃起扑向大海，用极其不标准的狗刨向我们艰难地游过来。它的小脑袋被卷起的大浪一次次淹没，它努力地呼吸、划水，一浮一沉歪歪扭扭地游向我，我的眼眶瞬间湿润了。

当 kid 游到我们身边，我们赶紧夸奖、鼓励它，它大概是察觉到了我们在假装溺水，迅速游回岸上，再也不肯下海。不过，kid 似乎觉得大海是罪魁祸首，它愤怒地踩踏着拍上沙滩的浪花，一边嗷嗷地吼叫，一边撕咬浪花解气。我们看着它滑稽的样子笑得前仰后合。

第一次带狗狗下海游泳计划，算是成功啦！后来 kid 成年后我们又去了几次海边，它都可以轻松地在海里和别的狗狗们游泳玩耍了。玩累了以后我们就在海边的浴池给 kid 冲个凉水澡，为了皮肤健康一定要给狗狗洗掉身上的海水哦！

晚上发生了一段意外的小插曲。天黑了，kid 要去上厕所，本来海边如此自由的空间可以不用拴绳的，小心谨慎的我还是给它戴上了一根刹车绳特制的牵引，没想到因此救了 kid 一命。那时带 kid 走到荒凉的杂草丛，kid 已经准备好如厕，突然耳畔一声巨响，不远处有人燃放了"麻雷子""二踢脚"那种声音巨大的爆竹，kid 像受惊的野马一样双腿直立站起后开始毫无意识、毫无方向地狂奔。幸好我反应机敏拉紧了牵引绳，跟着它起步开跑，没有摔倒被拖行已是万幸。

此时 kid 听不见任何呼喊只是疯狂地奔跑，爆竹依然一个个炸开，声音震耳欲聋。我的速度比不上它也拉不住它，跟得非常辛苦几度腾空，眼看着它拉着我奔向大门口，门外就是公路，夜间都是疾驶的拉货卡车，这样奔出去我俩都会没命。当时我脑子一片空白，危急关头我双手用力往回扯绳子，加速两步从侧面把 kid 扑倒在灌木丛里，用身体死死地压住它，用手按住了它的耳根。kid 拼命挣扎，喘息非常急促，眼神不定，极度慌乱地甩头，我一直按着它直到爆竹声消失。放炮的人走了以后，kid 的呼吸才逐渐平稳下来。回到房间，kid 已经小便失禁，幸好我拴了绳子，幸好我扑倒了它，不然这次旅行也许就成了一场灾难。狗狗对巨大声音的恐惧不是因为胆小，而是狗的听力是人类的数倍，我们对巨响感觉心惊肉跳的时候，狗狗很可能已经受惊到失控。这次出行有惊无险，给我增加了不少出行经验和体会。

把狗狗带在身边，旅行的快乐被放大了很多倍，但同样我们的责任也更重。出行过程中我们要比平日更加细心地照顾 ta 们，体谅 ta 们到一个陌生环境的焦虑与紧张。不过只要多把 ta 们带在身边，多带 ta 们去经历不同的事情，ta 们一定会爱上旅行且更加从容地去面对 ta 们的世界。

完整的
幸福

@吴威的V博

  恩爱甜蜜的夫妻 + 孝顺懂事的孩子 + 可爱的狗狗，这样的组合是我心中对"家"这个词的理解。

  组成了自己的家庭之后，我正逐步努力诠释着。

  一次不经意的邂逅，有着漂亮相貌、公主脾气的美少女"茶杯"和有着根本停不下来的活力、热情奔放的帅哥"茶壶"走进了我和我老婆的生活中。

  短短 1 个月不到，他们就很好地融合到了我们的生活中。对他们我们像对待自己的孩子一样。有人曾问我，"这不是给自己找事儿吗，伺候来伺候去，以后他们也不会回报你什么。"但我要说，你们错了！狗狗给我们带来的最大回报是——无尽的快乐！来自内心的快乐！

现在除了上班时间，我们外出几乎都会带上这两个小家伙，逛街、吃饭、朋友聚会，小家伙们也很享受时时刻刻能陪在我们身边的时光。怎奈，每次要进入一个地方时，征询是否可以带狗狗进入，得到的回答，十有八九是——No 。能够允许宠物进入的地方少之又少，这增加了我和老婆很多的苦恼。

狗狗可以去哪儿呢？去哪儿可以和我们一起享受下午茶、享受欢乐时光呢？

经过努力搜索、找寻，终于找到了"狗狗去哪儿"这个组织！通过他们的确找到了很多可以带狗狗进入的饭店、商场、咖啡厅等等。我们再也不用担心狗狗可以去哪儿了。

"茶杯"＆"茶壶"，谢谢你们！爸爸妈妈爱你们！

导盲犬珍妮
的心声

@导盲犬珍妮

我是中国第18条导盲犬，我叫珍妮，我的任务就是给盲人钢琴调律师陈燕妈妈当眼睛。我今天代表导盲犬，来和大家说说心里话。

我们导盲犬都是经过严格训练的狗狗，是工作犬中的一员。能够成为导盲犬的犬种像我们拉布拉多外，还有金毛寻回犬、德国牧羊犬等其他一些品种，因为这些品种的狗狗体型适中，便于牵引，更主要的是狗狗的性格稳定、忠诚、热爱工作，对大人和小孩都很友好，而且聪明便于训练。

我们经过训练后可以帮助盲人去学校、商店、洗衣店、街心花园等，我们懂得"来""前进""停止"等口令，可以带领盲人安全地走路，当遇到障碍和需要拐弯时，会引导主人停下以免发生危险。并且，我们导盲犬能引领主人穿梭在繁忙的人流和街道中。此外，我们导盲犬必须具有自然平和的心态，要能适时站立、拒食、帮助盲人乘车、传递物品，对路人的干扰不予理睬，同时也不会对他们进行攻击。即使是近在咫尺的小鸡、小猫等小动物，我们也不会去扑咬。在遇到巨大声响等令犬畏惧的东西时，我们也会忠诚地跟随主人，不会退缩。为了能达到这些标准，我们导盲犬的训练可是相当复杂和严格的。

我们的一生及训练在我们出生后就已经被规划好，一共分为四个阶段：第一阶段称为寄养期，在我们出生后 45 天，就要送往爱心志愿者家庭中寄养，让我们在适应家庭生活、社会环境的同时，学会如何与人相处。在这阶段，我们需要不断接触新鲜事物，学习简单的服从命令，并逐渐接受社会化训练。第二阶段称为培训期，在我们满 12 ~ 14 个月后，将被送回基地，进行 6 个月的专业技能训练，合格后将与需要我们的人士进行 3 ~ 4 周的共同训练。第三阶段就是我们的服役期，当我们培训合格，将被免费交付给适合的视障人士，我们的服役期长达 8 ~ 10 年。在服役期满后，我们导盲犬将被送到爱心志愿者家庭或回到基地养老，这就是我们称为第四阶段的退役期。

虽然我们经过了严格且系统化的训练，而且越来越多的视障人士需要我们，但是现状是对我们的认知度并不高，我们与主人的出行出现了诸多困难，比如出租车司机嫌弃我们掉毛会弄脏车内不愿意搭载我和主人；公交司机怕违反规定，不允许我和主人上车；我想要陪主人去商场逛逛，也会被保安拦住，禁止入内；还有当我们在工作的时候，会带着一个导盲鞍，上面会写着"导盲犬工作中请勿打扰"，所以这时候，路人请不要逗弄我们，虽然我也喜欢你们的抚摸，但很可能影响我的工作，毕竟我们导盲犬肩负着一名盲人的生命安全啊。而且，最近还发生了一起我的小伙伴在工作途中受伤的事件，我非常愤怒！

事情是这样的：在日本埼玉县，我的朋友"奥斯卡"拉布拉多导盲犬在引导主人前往工作地点途中时被人刺伤，但由于经过训练，依然忍痛不发声，直到把主人安全送到目的地。他的主人表示，"奥斯卡就像是我身

体的一部分，刺伤了它，就等于刺伤了我。"

为了我们能够顺利融入到人类社会生活中，训练时要求我们危急情况之外不得发出声音。我能体会我的小伙伴有多痛，但是他为我们做出了榜样！希望以后这样的事情不再发生，我们更需要社会的接纳与保护！在我们的眼中只有主人，我们的任务就是照顾好他们。所以盼望大家理解我们、支持我们，让我们能更好地为主人服务，为他们的生活提供保障。我代表导盲犬这个大家庭对你们说声"汪汪（谢谢）"。

走进
美国汪的生活

@牧牧的PU

　　PU，全名 PUMA，性别男，2009 年 3 月 30 日出生，现居于南加 LA。白羊座，从小就被称为 sunny boy。最爱球，连走路都要咬着他的宝贝球~如果没有球，整个汪都感觉不好了，怎么也要找出一样东西来丢到妈脚边。

　　PU 是个管家婆，带他出行，就他最忙活，前前后后地清点人数。爱打抱不平，曾经有朋友带小孩来我家，小孩调皮，她妈妈就扬了一下手吓唬说再不听话就打屁股。手扬起的同时，在一边趴着的 PU 已经跳起来生气地开吼了。

PU 的顶顶功一直很让后妈自豪，坐立顶球的时间最长能到半分多钟。院子里掉得满地是橙子柚子的时候，我会让他去捡果，捡一个果果回来就扔一次球，大家都开心。PU 的笑脸很有感染力，但他并不是天生就是小甜心的。小时候的他个性挺冷漠的，和他的默契和感情真的是一天一天一点一点地培养起来的！

我们与PU妈的对话：

PU 是在美国出生？讲"英国历史"？

对，PU 在美国出生长大。平时的口令基本都是英文，但有些中文他也会懂。确切来说，他是根据身体语言比如手势和表情来判断理解我要他做什么，如果实在不懂，他就不加理会。（不加理会是汪星人不变应万变的态度。）

在美国养狗要上户口吗？如何缴费？上了户口有什么福利呢？

户口要看各城市规定，我们所在的城市没有强行要求。要缴费的话去 city hall，需出示狂犬疫苗免疫证明（有些城市还需要绝育证明）就可以登记注册，交钱就好了。上户口的福利，主要是狗狗走失被找到的几率会大一些，其他真没啥咯～

在美国，狗狗们如何接种狂犬疫苗呢？

狂犬疫苗在美国不是免费的，但几乎家里有汪的家长都会带狗狗去打。4个月时打第一针狂犬，第二年再打一针，以后就每3年一针。

美国公交车和地铁，狗狗们能坐么？出租车呢？

PU这几样都没坐过，因为在美国几乎家家有车，狗狗都是坐私家车的……LA因为是在地震带上，没有地铁。出租车虽然我没带PU坐过，但觉得问题不大，在美国大家对汪的存在容忍度比较高！

据说美国公园狗狗们随便进？

公园都可以进，但如果想off leash（松开牵引绳）的话，只能是狗公园，水和便便袋都会提供。有攻击性和in heat（发情期）的狗狗是禁止进入的（咳咳，论牵引绳与捡拾粪便的重要性！）。

在中国，德牧总会被惯性思维定义为"凶猛"的小伙伴~~，美利坚人民有怕狗的么？遇到过对PU不友好的当地人么？

当然有，只不过怕狗的通常会选择不靠近，没有国内怕狗的人表现得那么明显……对 PU 不友好的人，也有，但很少。遇到过一个很无语的白人，在海滩因为他的 lab 跑过来对 PU 翻肚皮，他觉得很丢面子，就大骂 PU 让 PU 闪远……大哥，是你家汪自己跑过来的耶－。-（论全球男人的面子问题……）

可以带 PU 去餐馆吃饭么？

有可以带汪的餐馆，但不是所有。普遍要求汪都必须是行为良好没有攻击性的，不能打扰其他客人，基本上带汪的家长会被安排在 outdoor（户外），有些餐馆还会有专门给狗狗的菜单哦。（关注 @狗狗去哪儿，获取国内可以带狗狗一起用餐的餐厅信息。）

美国人民都喂美国汪吃狗粮么？真的只吃狗粮么？：）

基本上都是喂狗粮，少部分是喂 raw（生食）。但纯 raw 的话需要计算各种搭配，像 PU 这样是一星期吃 3 ~ 4 次 raw，其余时间是狗粮 + 罐头。

在美国，什么种类的汪比较常见？能看到我们的京巴汪么？^^

金毛，lab，pit 最常见 ~ 也有很多 mix（串串）哦，京巴啊，没见过……

在这里，想对 PU 说一句什么话呢？

俺最不擅长做总结哎……只能说，在我们的能力范围内，我们会给 PU 最好的照顾，希望他能开心健康地陪我们很久很久久……（融化了 ^^）

带狗出行小锦囊

狗狗出行必需品

为了应对带狗狗外出途中发生的一些突发状况，我们还是要做到有备无患。下面我们就来总结一下带狗狗外出需要准备的几项基本的相关用品，大家可以根据出行的目的地特点以及狗狗自身的情况进行调整。但是有一些可是必备用品哦，比如永远排行第一的牵引绳！无论你认为你的狗狗是多么的遵守口令，在外出过程中也会发生一些突如其来的意外情况。所以保证牵引绳在你手中，才是对 ta 最好的保护。好了，下面我们就来一一认识这些出行必需品。

防走丢：

牵引绳

牵引绳是出行必备的用品之一，狗狗在陌生的环境里会表现出兴奋和好奇，很可能自顾自的玩起来忘记跟随主人。为了防止与爱犬失散，主人们一定要为 ta 们穿戴好牵引绳哦！

狗牌、狗证

建议经常带爱犬出门的宠友定做一个带有"名字"和"电话号码"的宠物牌，挂在狗狗的项圈上。这样可以起到双重保护的作用。

日常生活：

食盆，饮水器和足够的狗粮

狗狗需要经常补充水分，在旅途中也不能忽视。为了防止在目的地找不到狗狗的食物，主人出行前需要准备足够的狗粮。

手纸

随手捡起狗狗的排泄物，不给环境添污染～

宠物梳

长毛的狗狗需要带些美容工具，以免风吹得毛发打结。

"猛犬"需准备嘴套

也许狗狗很温顺，绝对不会伤人，但大型犬的家长要考虑到陌生环境的人们的生活习惯，避免吓到游客。

湿纸巾

旅游地点人多物杂，狗狗也许会不小心

踩到有很多细菌的物体，可以用湿纸巾在狗狗上车前擦擦爪子，保持干净清爽。

游泳必备：

大毛巾

旅游景点附近一般都没有宠物店，在游玩后主人要及时擦干狗狗的毛发，避免潮湿导致皮肤疾病。阳光充足的情况下可让游泳后的狗狗多跑一跑，有利于迅速晒干背毛。

吹风机

在有条件的地方可以帮助狗狗吹干背毛。

防潮垫

在车上铺上防潮垫就可以避免没有干透的身体把汽车后座弄湿啦～

臭美必备：

小衣服

有一些小型犬的衣服现在已经漂亮到没朋友了！如果你家是泰迪、比熊这些小型犬，在参加狗狗聚会或出去玩时，可以选上一套漂亮的衣服，赚足回头率！而中大型犬就没有那么多的可选余地啦，通常是警犬服或者可以装一些简单用品的口袋马甲（体型大就是辛苦啊）。不过一些具有反光条的大型犬衣服，尤其是对于一些纯黑色体毛的狗狗来

说，晚上遛狗还是具有一定警示作用的。否则我们可能只能看到一根牵引绳在行走吧。

照相机

对于大多数养狗的朋友来说，养狗是第一步，单反是第二步。我们都希望在 ta 们短短十几年的光阴中尽可能地多为 ta 们留下宝贵的回忆，所以在难得一起出游的过程中，相机是必不可少的哦。那么拍完漂亮的照片，一定不要私藏，赶快下载 [狗狗去哪儿] APP，将照片分享给宠友们，我们一起为你点赞！

狗狗出行交通工具

关于带狗出行的几种常见方式，无非是短距离自驾以及长距离空运两种。目前国内有一些旅游大巴可以通过协商带狗，但火车、高铁基本上是明令禁止的。所以今天我们就从空运、自驾以及现在国内刚刚开始兴起的狗狗巴士三方面来进行具体的交通工具说明。

关于空运

运输宠物一定要配备有氧货舱的飞机，所以请提前（至少两天）向航空公司咨询和预订舱位登记托运。托运分为两种：只有宠物到达的属于货运，提取时间错后航班落地2小时左右；宠物与您同航班随行的属于行李托运，宠物会随行李到达，不会延迟。

办理托运证明文件

健康免疫证明。在机场指定的防疫站注射好疫苗，带上免疫证书（费用20～50元不等）。一般指定都是当地的动物疾病防疫中心。免疫证书要求带有狂犬疫苗的注射章，其他疾病疫苗的注射章无效。

有效检疫证明。在出发前五天内，带上宠物及健康免疫证明，去动植物检疫机关进行健康检查，检疫人员做完检查后可开具动物检疫证明（可以要求工作人员把有效期时间填写为狗狗上飞机的日期）。此项内容也可找专门的代理机构进行办理。

注意：一些航空公司要求托运宠物要用专用的宠物航空箱，开口需要铁丝扎紧，并打"井"字形包装带。也有个别航空公司要求用铁质笼子装载宠物以避免航空箱脱落、损坏等事情的发生。具体需咨询各航空公司服务处。

办理托运手续

货运——带上宠物、航空箱、上述办理完成的证件，提前2～3小时到航空公司货运处，办理宠物托运手续。认真填写收货人信息，到达后收货人需持本人身份证提取。费用根据犬只加航空箱的重量收取，不同航空公司有所差异。一只40斤左右的中型犬托运费用大概在千元左右。飞机起飞前2小时不再办理任何收货，所以各位家长务必要提前哦！

随行——带上相关证件到超规行李办理处，提交动物免疫证明，行李打包后到称重台缴费。费用为机票费用的15%/每公斤（含航空箱重量），送至超规行李台安检，并叮嘱工作人员加以照顾轻拿轻放。

附加保险：一般保值的10%～20%。不同公司、不同种类货物价格有些许偏差。这个不是强制的，但是如果狗狗出意外，没有保险，只按照体重赔付。

运输中

运输会有车将狗狗送到机场的货运处（你可以要求跟着他们的车一起去哦）→过检→进入货舱隔离→进入飞机有氧舱→漫长的空中及地面时间。

接狗

航空公司出具运单后，立即通知收货人运单号及飞机起降时间。狗到后，1小时左右通知接货人。正常情况下在飞机降落一个半小时后即可办理提货手续。主人需要带上身份证到机场货运部提货。

如果办理随行，狗狗会随着行李一起出来，你只要在等待行李的地方等待航空箱从传送带出来就可以了。

PS：个别机场，提货有一个附加的地面运输费，一般是5元。如果发来的狗狗免疫手续不齐全，需要收货人补办，一般费用30元/只。

注意事项

a. 航空箱一定要买牢固的，按照机场要求包装好。航空公司要求狗在笼子里面能够正常站立并转弯（航空公司算运费是重量和体积哪一项大就算哪一项，因此航空箱不用过大）。注意关紧航空箱门，防止逃脱。

b. 可以在里面铺宠物尿片，放上ta喜欢的玩具，安抚情绪。但切忌不要放会让ta吞咽等容易发生危险的物品。

c. 如果当天起飞当天到达，最好不要给狗狗进食，可以给少量水。只要不缺水，一般停食48小时狗狗都不会有问题。

d. 最好选择中午前始发的航班，防止中间出现意外，好及时调配。最好不要选择中转或过夜航班。

e. 天气条件不好时尽量不要发狗。飞机容易出现临时调配、调机等。

f. 回到住处不要立刻喂食，可以温点羊奶喂，也不要抱着玩或者立刻给ta洗澡，要让ta充分休息，适应环境。

关于近年国内宠物空运负面信息较多，我们想在此多说两句。其实飞机无论是对于我们还是狗狗，都是安全系数较高的交通方式。只是飞机出事无小事，那么狗狗在飞机上一旦遇到意外，结果也无一不令人惋惜。加之个别航空公司的冷漠对待，使我们对此都望而却步。事实上我们了解到的很多出行宠物达人们飞行频率都很高，并没有遇到过意外情况。所以希望大家理智看待空运，挑选对宠物关照更多的航空公司，例如东航。他们对于宠物托运有专人照看，态度较好。其次在空运工具上要尽量选择质量好的，无论是航空箱还是笼子，都要进行二次打包。用铁丝或打包绳再次固定，以防磕碰后造成箱体损坏，狗狗跑出航空箱等情况。

关于自驾

很多主人会选择在周末带上宠物到近郊游玩，有山有水，让爱宠在山间水前撒欢奔跑，自己和朋友们烧烧烤聊聊天，自驾就成了最好的选择。对于自驾，虽然主人时刻都和爱宠在一起，可控性相对较强，但是这里面学问也不小哦！下面这些内容，你都做到了吗？

1、根据路程长短，合理设计路线和时间；

2、如果途中需要投宿，建议事先做好攻略，找狗狗能够入住的地方；

3、准备好狗狗的衣食住行相关用品：如狗粮、饭盆水盆、足够卫生纸 or 垃圾袋等；

4、根据狗狗的个体情况，考虑每隔一段时间带狗狗下车小便；

5、狗狗不在车上的时候保持牵引；

6、路上带狗进餐厅吃饭，保持牵引，把狗狗固定在自己的桌子附近，不要打扰到其他客人；

7、狗狗回家后，不要立刻玩耍或洗澡，应先让 ta 适应环境、充分休息。

关于狗狗巴士

目前北京开通了专门的狗狗巴士周末专线。通过提前预告目的地介绍与经停线路，宠友可以自主报名，解决没有车但愿意带狗出行这部分宠友的困难。狗狗巴士目前只解决出行的交通工具问题，目的地也是官方确定，不能自主选择的。根据出行地点的距离等因素，每个专线的巴士费用也不同。目前线路的经停站不能满足所有宠友，大家可以通过宠友出行必备神器［狗狗去哪儿］APP 的意见反馈来提出建议，我们会不断调整。同时宠友们还可以要求附带摄影师、宠物医生、训犬师等周边服务，在出行过程中为爱犬解决更多问题。目前狗狗巴士只能通过［狗狗去哪儿］APP 进行预定哦。

贴心小贴士

空运手续太复杂，想找专业人士代办？狗狗巴士哪里订？快快拿起手机，下载宠友必备遛狗神器［狗狗去哪儿］APP，答案在里面可以找到哦！

狗狗出行急救箱

我们怀着一颗欢天喜地的心带狗狗出去玩，但是免不了会遇到一些小插曲。遇到问题不要慌乱，如果我们做足功课就会了解大概的应对措施及处理方式。我们针对大多数宠友提出的关于外出常见问题，来为大家做一个急救箱小知识的储备。当出现以下情况时，如果你知道如何应对，那么恭喜你，你已经成为一个小有经验的出行者啦！

带狗狗外出旅游需要注意的几种常见疾病：中暑、外伤、外寄生虫、食物不适、晕车、心脏病。

一、中暑

第一位的永远是中暑，因为这是最常见也最可怕的病。众所周知，狗狗的排汗系统是很差的，所以怕热是狗狗的一大弱点。外出旅游的时候，尤其是夏天，一定要绷着这根弦，千万不要让狗狗中暑。

首先大家需要认识中暑这种病。这种病对于狗狗来说，不是"吃根冰棍，休息一下"就能缓过来的，它是要命的！狗狗会出现体温过高、四肢无力、抽搐、呕吐、消化道出血等等症状，用医学名词的话，还有包括 DIC、电解质紊乱、神经系统失调等等听着就吓人的症状。

常见的中暑原因

密闭空间内不开空调；过长时间的强光直射；过大的运动量。

所以，不要把狗狗独自关在没有空调的密闭闷热空间里（比如车里）；不要带狗狗在大太阳底下过度运动（比如爬山）。

中暑的症状

体温上升，呼吸急促，四肢无力，抽搐，呕吐腹泻。

中暑的处理方式

物理降温是最重要的。如果狗狗还能喝水，要充分饮水。有冰的话，要敷在狗狗体表。必要的话可以用水冲洗全身，然后迅速送到动物医院处理。

二、外伤

狗狗这么好动，皮外伤是免不了的。但外伤多种多样，怎么判定有多严重呢？狗狗外出，什么情况我们应该火速回家，什么情况我们可以自行处理然后继续游玩呢？以下我们大致将外伤分为三类。

一类重大外伤

（1）伤可见骨：这种情况，无论骨折与否，都是重大外伤，所有主人都知道要立即打道回府了。只是我们要注意的是，这种情况下，因为考虑到骨折的情况，主人一定要尽量保持狗狗的患部不要活动。不要尝试自行处理伤口（除非大量出血），六小时内到动物医院就诊。

（2）腹部/胸部贯通伤：胸腔和腹腔内有狗狗很多重要器官。一旦出现贯通伤，要立刻进行止血处理（主要是按压）。如果有贯通物残留，不要动。用干净衣物包裹伤口火速就医。

（3）骨折（非开放性的）：出现骨折的狗狗，患肢会完全不能着地，而且碰触会出现剧烈疼痛。这种情况，虽说没前两种紧急，但最好能在24小时内就诊。

二类外伤（根据情况而定）

（1）咬伤：咬伤一般都比较严重，因为牵扯到贯穿和撕裂多种损伤，一般需要及时就诊。

（2）其他外伤：一般面积较大的外伤需

要医院处理。但在就诊之前，主人最好能做一些清创的工作。外伤的处理顺序是：清洗伤口，剃毛，消毒，包裹，就诊。拿药膏直接就糊在伤口上，或者直接就用创口贴覆盖是错误的方法。

三类外伤（无需迅速回家的）

（1）指甲流血：狗狗的指甲是很容易流血的，而且一旦流起来很是吓人。碰到这种情况，用干净的布，长时间地按压流血的地方，直到不再流血为止，之后适当限制运动就ok了。

（2）不出血的轻度外伤：不出血一般则是没有伤到真皮层。这种外伤通常比较轻微，很多时候狗狗能够自愈。清洗伤口，做一些消毒，有条件的话，做一下包裹，回家再就医。

（3）鼻腔，口腔出血：撞击后的鼻腔口腔黏膜出血，一般在按压止血后，就不用再多做处理了。

三、外寄生虫

跳蚤、蜱虫、虱子虽然杀伤力有限，但是非常非常讨人厌。尤其是如果不小心带回家中，那是无穷无尽的烦恼。而且如果造成狗狗的叮咬过敏，后续治疗也非常麻烦。现在市面上有很多驱体外寄生虫的产品，在狗狗出门前使用的话，就可以高枕无忧了。当然，尽量还是要避免狗狗到太野的草丛里打滚。

四、食物不适

病从口入的问题，就不用过多阐述了。因为狗狗外出旅游，可能会接触到以前从未吃过的食物，所以会发生什么，很难预料。我认为需要从两个方面注意。

1. 杜绝狗狗随地捡食的坏习惯。很多主人都面临这方面的困扰，狗狗出门到处闻，一不留神就捡东西吃。而各处的中毒事件频频发生，也应该足以引起我们的重视了。除了通过拒食训练可以纠正这一行为以外，还有一个比较直接有效的方法就是佩戴狗狗专用的口罩。不但可以有效防止乱吃东西，还可以有效解决打架受伤等问题。

2. 还有需要额外注意的是，大鱼大肉可能会造成狗狗的急性胰腺炎，这是非常严重的病，狗狗会出现严重的腹痛、呕吐反应。出现此情况需要及时就医。

五、晕车

晕车虽然不是什么严重的疾病，但也会给我们出行造成困扰，狗狗的身体不适也大大降低了出行乐趣。在这个问题上，首先我们可以通过一些宠物专用设施降低晕车的可能性。大多数狗狗晕车都是因为在车行驶的过程中不断乱动，造成不适，这一情况可以通过航空箱来改善。航空箱可以让狗狗在里面安静的休息，不会四处乱动，可以大大降低晕车的几率，也可以让狗狗养足精神下车后快乐玩耍。

也可以通过一些药物提前预防，这方面请大家咨询专业的医生，根据狗狗自身情况用药。

六、心脏病

如果你的狗狗是老龄犬（大型犬大于5岁，小型犬大于7岁），而最近半年又没有做过体检，那就不能排除心脏病的问题。在出行的时候，一定要注意狗狗的身体承受能力。如果出现过度气喘、不爱动的症状，请及时让狗狗休息。

狗狗外出建议带的药物及相关用品

消毒纸巾

如果出现外伤，可以用来清理伤口。也可以带着酒精棉，其实人用的消毒湿纸巾也能达到一定效果。

止血粉

一旦出现出血的外伤，或者因为兴奋过度磨到指甲的血线等情况，可以先用止血粉处理一下，视情况再决定是否需要立刻就医。

驱虫药

现在市面上有口服的体外驱虫药，出去游玩之前吃一次，可以管一整天。如果长期外出的话，建议用滴在体外的外用驱虫药，效果可以持续半个月到一个月。可以在洗完澡后外用，需要扒开脖子上的毛，把药剂直接滴在狗狗的皮肤上。如需指导可以向宠物店寻求帮助。

小电推

如果有条件的话可以带一个。万一狗狗在外的时候身上粘到什么脏东西，可以用推子推一下，毕竟出门在外，狗狗不能随时洗澡。万一出现外伤，也可以用来清理伤口周围的毛发。

速效救心丸

给有心脏病的狗狗准备的。不过说实在的，有心脏病的狗狗还是需要慎重出行。

其实比起药物，还是带着一颗小心翼翼的心更为重要。狗狗在外可能会非常兴奋，玩得很 high，请主人一定不要疏于看管，该用牵引的时候要用，未雨绸缪永远比事后补救明智哦。

狗狗用餐礼仪

　　我们经常羡慕国外的汪星人可以随意进出餐厅等公共场所，如今，国内也有很多场所允许汪星人进入。但是小伙伴你们要知道狗狗出入餐厅等公共场所也是有礼仪要求的哦！哪些是 YES？哪些是 NO？怎样做可以迅速提升你的优质主人指数？怎样的装备可以让你的狗狗迅速被周边用餐人点赞？跟着我们一起展开一段狗狗用餐礼仪之旅，看完你会不得不承认，我们需要学习的东西还真的很多呢！

牵引

　　NO 我家汪很听话，我一叫就回来，完全不需要牵引！

　　YES 小小牵引绳牵住的是别人对 ta 的尊重和 ta 的生命安全。试想如果一个餐厅到处都是自由自在散步的汪星人，那么餐厅的工作人员和其他用餐者一定会疯掉吧！我们爱狗，不代表所有人都必须接纳，但是我们可以通过我们的努力得到应有的尊重。那么牵引，是第一步。

礼貌袋

NO 汪爷们儿抬腿占地儿是本性，我们也无能为力！

YES 如果汪爷到了餐厅到处占地儿，后果就是服务员手忙脚乱，主人各种道歉，邻桌一声叹息！如果我们可以给汪星人穿上礼貌袋，不仅可以防止汪爷到处占地盘，还可以给发情的 mm 们提供保护呢！穿上也很神气的呢！

航空箱

NO 航空箱空间狭小，我才不要让我家宝贝住这种地方！

YES 航空箱是对汪星人和陌生人来说最安全的地带。在你用餐时，ta 可以得到很好的休息，也不会惊扰到不喜欢狗狗的客人。而且在我们所有的出行环节，包括行驶的车上、酒店等地方，航空箱都是非常方便好用的工具。不但可以很好的安置狗狗，还可以让 ta 们得到充分的休息，准备投入到高兴奋度的旅行中。如果可以很好的利用，会达到事半功倍的效果。

口罩

NO 给狗狗戴口罩是极其不人道的行为！我绝对不会如此残忍地对待我家宝贝！

YES 在国外给狗狗戴口罩其实是一件非常平常的事情。口罩的好处非常多，例如拒绝不安全食物，防止狗狗之间打架以及狗狗伤人等意外情况。

坐垫

NO 我家狗狗在家都随意上床，我们根本不嫌弃！

YES 随手带上一个 ta 的坐垫，坐在座位上也不会留下很多毛毛或口水痕迹。我们对汪星人怀着世界上最宽容的心，但是也应该体谅身边人的顾虑。举手之劳的小小垫子可以为餐厅留下一片整洁，何乐而不为？

三大出行训犬技能

外出必备的航空箱训练

认识 → 喜欢 → 听口令（看手势）→ 拉长时间（每个步骤至少实行 5 ～ 7 天）

认识航空箱

将布置好的航空箱放在家中某处，带狗狗到航空箱前，撒些零食在里面，让狗狗选择是否进去，不要强迫 ta。

让狗狗喜欢航空箱

将每餐吃狗粮，玩玩具时间都安排在航空箱内进行。外出散步时可以藏一些好吃的零食在箱内，让狗狗自行发现（此阶段不宜关上航空箱的门）。

依口令或手势进航空箱

狗狗愿意自己进出箱子之后，试着下指令或手势让狗狗进箱，狗狗进去后给零食奖励。如果狗狗在指令手势后没有反应，则回到上一步骤重新进行几天（此阶段不宜关上航空箱的门）。

拉长在箱内的时间

以口令手势让狗狗进箱，将狗粮放在箱内让狗狗吃，同时将笼门轻轻盖上（不要锁上），狗狗吃完后打开门让 ta 出来。渐次慢慢将箱子的门关上。并以狗狗适应程度拉长时间，由 5 秒开始。晚上睡觉可以让狗狗进航空箱休息。

依作息自由进出航空箱

狗狗可以安静地在航空箱内休息 20 ～ 30 分钟后，可依照您的作息安排狗狗回箱的时间，一次不超过 4 小时。

注意事项

1. 狗狗每次出箱后直接带 ta 到上厕所的地点，上了厕所后请马上给予奖励，协助训练大小便。

2. 如狗狗在箱内排泄，可能是太过焦虑紧张或定点大小便未训练完成，请不要处罚狗狗，安静处理掉排泄物即可。下次调整关箱的时间，或注意是否狗狗对箱子的喜爱程度还不高。

3. 完成箱内训练后，狗狗在箱内时，可享用塞了好料零食的玩具或牛皮骨，维持狗狗对箱子的喜好程度。

4. 如训练过程中出现狗狗焦虑、紧张不安等等状况，请寻求专业训练师协助。

狗狗外出打架怎么办？

狗狗外出为什么总要和其他狗狗打架？

因为在自然界中，每一只狗都可以选择自己的生活地界，狗狗之间会有领地、资源之争，公狗和公狗还会有天性上的敌意，一部分母狗也如此。

但在人类生活中，尤其是今天的中国，一个小区可能就有上百只狗，主人也没有为狗狗做绝育手术，母狗发情对其他公狗的影响以及对母狗自身的影响都非常大，狗狗受到不正常密度中的激素刺激，承受的压力可想而知，有压力后，自然就要有发泄的地方，跟其他狗的冲突就在所难免了。

还有一种引发狗狗打架的原因是，缺乏社交技巧。狗狗是否在无人管理的情况下被其他狗狗欺负，是不是会欺负其他狗狗但没有人出面阻止，主人是否学习过如何读懂狗狗之间的互动游戏以及知道如何避免欺负情况的发生，预防狗狗因为自我保护产生的攻击行为？

我想大部分主人是不了解细节的，就会让狗狗在一次次练习中学会了打架，并且熟悉打架。

无论是和其他狗相处得好或者不好的狗狗，外出游玩我们都建议，不要"狗群"出动，

狗友聚会往往是人类的聚会而非狗狗的聚会，聚会常见狗狗打架，这对狗狗是非常糟糕而且痛苦的事情，ta 们被迫聚在一起，实际上却给彼此非常大的压力。

带狗狗外出主人们可以选择和自己的狗狗关系比较好的一两只狗一起，或者单纯带自己的狗出去玩也很好。出门时准备一些狗狗非常爱吃的零食，如水煮鸡肉、奶酪、烤肉片等，如果您的狗狗是会打架的狗，在 ta 遇到其他狗狗时，主人可以在比较远的距离用零食把 ta 引走，避免冲突。如果是不会打架的狗狗，可以依照对方的狗狗情况看看要不要接触，如果对方狗狗也很轻松大方，那么让自己的狗狗和 ta 接触一下没关系，但不要时间过长，玩的过疯，适时把 ta 们分开。如果对方狗狗看起来比较紧张、回避，那么也请您尊重对方"不想玩"的选择，带着自己家的狗狗离开。如果是真的接触到了，又打架了怎么办。当然要马上分开，然后，请马上带自己的狗狗去远一些的地方，不要和 ta 说话，不要打骂 ta，不要理 ta。

很多主人会认为打架是"错"的事情，所以一定要处罚 ta，让 ta 知道自己错了。但是，在这样情况下，狗狗是非常挫折、激动、紧张的，我们的打骂指责以及任何情绪的变化都会让狗狗更紧张，而且 ta 们会认为主人的处罚来自于"刚刚和 ta 打架"的那只狗。所以一定不要处罚 ta。希望大家都能快快乐乐地带狗出行！

乱捡东西吃怎么办？

首先我们要理解——狗就是狗。无论您是不是允许 ta 在地上捡东西吃，ta 的本能就是会捡任何可以吃的东西，不然在自然界中 ta 无法存活下来。

误区1

给ta吃得很饱是不是就不会捡东西了

无论您给狗狗吃得多饱，ta 都有可能会去地上捡东西，因为地上的东西可能家里没有，更珍贵更美味。

误区2

看见ta要捡东西就赶紧斥责ta，拉扯ta的牵绳

也许您的做法避免了狗狗捡东西的危险，但是这样的方式也同样会让狗狗外出紧张不自信，导致其他的问题出现，如因拉扯牵绳导致的身体问题、因外出压力过大导致打架等攻击问题、因主人的处罚导致和主人关系问题。

误区3

没看住ta很快就捡到东西了，赶紧给ta从嘴里挖出来

也许很多主人都做过这件事，因为怕吃下去东西会很危险。但是，从狗狗嘴里挖东西出来，将可能导致狗狗护食然后攻击你；或因为怕你抢东西，无论什么就马上吞下去。

误区4

不牵绳遛狗

主人希望给狗狗"自由"，所以会松开狗狗的牵绳让 ta 跑一跑，但是却不知道这可能是狗狗练习乱捡东西的最佳时机。

如何解决？

　　1、找正向训练师学习拒食，为什么要提醒是正向训练师，因为任何处罚、威胁式的拒食训练都存在很高的风险，当狗狗觉得你管不到 ta 的时候、觉得受到太多威胁的时候，麻烦都会更大。

　　2、外出带更好的零食，当狗狗想去靠近"脏东西"的时候，掏出自己的美味零食把狗狗带离开，并且开心地夸赞 ta，给 ta 奖励。让 ta 知道，跟着您离开，是更棒的事情。

　　3、还是外出带更好的零食，如果狗狗已经捡到东西了，请您掏出自己的美味零食和 ta 交换（这个练习在家也可以做，给 ta 吃狗粮，我们拿鸡肉出来,ta 放弃狗粮就可以得到更好的），如果 ta 不肯松口，我们又不得不挖出来，那么挖出来之后，请您把自己的美味零食给 ta，作为补偿。

　　4、牵好牵绳，避免犯错才是最最重要的事情。

带狗去野营

有一种带狗的出行叫做安营扎寨，随遇而安。对于这项活动，春秋季节是最好的选择。我们可以选一个风和日丽的好天气，去河边、草地、湿地公园，允许烧烤的区域内带着狗狗一起享受野炊的快乐，搭一个小帐篷，玩累了可以在里面抱着狗狗睡个午觉，也可以呼朋唤友在帐篷里打牌，不亦乐乎！当然我们还可以选择一些野营圣地，带 ta 去看星星、等日出。总之这种回归自然的体验，对我们和狗狗来说都是极好的。

那么关于野营这件看起来简单的事情，到底有多少需要我们注意的地方呢？

野营需要的基础装备

1. 带个帐篷，可以扎在树下，乘着阴凉看狗娃在草地上耍，多惬意。

2. 爱干净的可以考虑买块地布，铺在帐篷下面的。

3. 帐篷就要有防潮垫，铺在帐篷里 or 草地上，可以躺或坐在上面。一般的户外店都有卖，普通泡沫的就够用啦。

4. 如果想在野外过夜呢，还需要睡袋，夏季低海拔地区，400 ～ 600g 的羽绒睡袋够用啦。

5. 头灯，过夜必备。否则吃晚饭的时候都看不到自己的碗在哪儿。

6. 食物装备。可以带一些简单的熟食,兴致比较高的也可以带足烧烤装备来一个野炊大趴。

我们应该怎样挑选帐篷？

户外帐篷有很多种，大致分为有底帐、无底帐；自立帐（不打帐钉，穿完帐杆就可以立起来的）、非自立帐；三季帐、四季帐等。市面上绝大部分帐篷都是有底的三季自立帐，除户外店外，部分超市、运动用品超市都有卖的，这个就够用啦。至于大家各自对品牌的喜好，我们就不做引导了，请各自做足功课哦。

帐篷应该搭在哪里？

1. 搭建帐篷，要选择平坦、干净的地方。

2. 如果有风，要判断风向，搭建的时候让风冲着脚吹，不要冲着头。

3. 远离村子和其他人类居住的地方，在户外，有时候离村子越近越危险。

帐篷的搭建方法

打开一个帐篷的外包装，一般有这么几样东西：内帐（一般带纱网的）和外帐、地钉、帐杆、防风绳。理论上每个帐篷的搭建方法都不一样，不过都大同小异啦。这里我们只介绍最简单的一款帐篷的搭建方法。

1. 先找到折叠的帐杆，把它舒展开来。

2. 找到内帐，根据内帐顶端留有的帐杆套，把帐杆穿进去，两端固定在内帐帐角的金属环上。一般的帐篷，帐杆都是交叉穿在内帐上的。

3. 找到外帐，搭在内帐上面，四角和内帐四角对齐。

4. 在内外帐对齐的四角，打上地钉，固定帐篷。

5. 如果有风，根据风向，在逆风方向系上防风绳，用地钉固定。

好啦，一个帐篷就搭建完毕啦！晚上别忘了把汪叫进来一起睡哦。

野营有哪些注意事项？

我们在户外野炊前一定要先去探路，做好攻略再出行。以北京为例，现在很多森林公园、草场、野地都已经禁止烧烤，因为林业局对森林防火控制非常严格，我们不要带狗去严禁烧烤的场所，也不要去林木密集的野外，建议选择水边、石子路、土路相对安全系数高。有一些公园设有烧烤区和农家院，既封闭又有专业烧烤场地，推荐户外新手选择这样的场所，保证人类和狗狗的安全。

特别小贴士

1. 烧烤炉距离帐篷至少 5 米，避开树木，烤炉放置平整，人和帐篷位置不可在下风口，否则烟雾大火星易烫伤人和狗。

2. 如周围无封闭式防护网，建议将狗狗用长牵引拴好，远离烧烤炉，避免狗狗对食物好奇引发烫伤。

3. 狗狗出行前身上要滴体外驱虫药预防蜱虫等危险虫类叮咬。

4. 不要把未烤熟的食物、烧焦的食物、有佐料的肉食喂给狗狗，也要谨防狗狗在地上捡食，烧烤钎子统一收好。

5. 野炊最大安全隐患就是火灾，所以烧烤完毕一定要完全熄灭炭火，并盯紧狗狗防止脚踏炭火烫伤。

6. 狗狗在草地行走容易被尖锐的枯木枝、草棍扎伤脚底，回家后要检查狗狗脚掌内部是否有伤，及时处理，避免发炎。

拍摄狗狗的技巧

怎么才能把好动的宝贝拍得漂亮呢？家长们快来学习全套的狗狗的摄影技巧吧！变身汪星人的专属摄影师！

关于器材

手机拍照

优势：快捷、易于随身携带。

缺点：快门速度较慢，无法更好的捕捉宠物的动态，摄像头构造缺陷，注定无法自如快捷地控制光圈大小、快门速度，也就无法完美快捷地控制景深。

卡片相机

优势：便捷操作易于上手，体积小便于携带，快门略快于手机，有些高级卡片机可以控制光圈大小，可以实现景深。

缺点：成相效果次于单反，操作不如单反快捷。

单反相机

优势：可随意控制光圈及快门，景深可自定，可根据需要更换镜头，成相效果好。

缺点：体积大，不便于携带，镜头等配件较多，保养繁琐，不易于新手操作。

总结：无论是哪种成相设备，在良好的光线、适当的背景、合适的构图及拍摄角度下，都可以拍出相对令人喜欢的照片，至于成相效果，自然是一分钱一分货，如何取舍优缺点，还是根据大家各自的需求来选择吧，选一款自己够用且顺手的设备才是正解。

关于拍摄角度

与汪星人相比，我们人类真是要高大许多，如果我们只是简单地站着拍摄，就会拍到汪星人抬着头，翻着眼睛的样子，还会有头大身子小的感觉。

平行拍摄

优势：以狗狗的视角来看世界，给人一个亲近感，更可以比较完美、正常地表现出狗狗的常态，被摄对象不易变形。

拍摄方法：尽量蹲下或趴在地上，使得相机处于与宠物平行或较低的位置进行拍摄。

俯拍

优势：可以把狗狗拍得可爱一些，大脑袋照，简直呆萌到死，感觉萌萌哒。

需求：广角镜头一枚

方法：相机位置高于宠物头顶，让狗狗

抬头看相机，对焦后按下快门。

优势：仰拍时，照相机的位置低于被摄体。在这个高度，被摄体处于相机的上方，透视变化上与俯拍相反，被摄体的高度比实际感觉的要高，易让人产生雄伟、高大的感觉，仰拍可以更好地表现高昂的面貌，视觉冲击力较强，可表现出向上精神，最大限度把被拍摄主体烘托，从而使得画面豪放。

方法：与平行拍摄角度相似，只是采用更低的角度进行拍摄。

宠物乱动怎么办？

在拍摄静态相片的时候，可以准备一些小道具，例如零食、玩具等，零食用于当狗狗乖坐在原地让你拍摄之后，当作奖励给狗狗。对于好动的狗狗，你可以任由 ta 在一定范围内自由玩耍，而你则在一旁端好相机准备抓拍，如此可以更真实地体现狗狗的性格及美丽的一面。在光线不足的情况下，通常需要保持 1/160 甚至更高的快门速度，以免被摄物体变虚。拍摄时，有条件的情况下，除了摄影者外，最好还能配备一名逗狗狗的人员。作为摄影者，需要耐心，并且更多地了解观察一些狗狗的行为，以便随时抓拍，对焦点尽可能放在眼睛上，可使用连续对焦及连拍模式。

关于光线

闪光灯

　　大多数狗狗都会对闪光灯敏感，特别是一些胆小的狗狗，如果有反光板进行补光，则可以令 ta 们不会太过于紧张。在必须使用闪光灯的情况下，将闪光灯的灯光打向房顶或能够反光到拍摄物体的墙体，利用光的折射进行拍摄则效果更为自然，更可以很好地避免"红眼"等问题。

自然光线

　　室外拍摄的最佳光线时间是晴天的上午9 点到 11 点和下午 3 点到 5 点。选择拍摄时间，是因为两个方面的考虑：一个是光线，太阳在斜射时亮度适中，不像中午的烈日下容易产生难看的阴影，也不像阴天那样显得平淡，缺乏主光来造型；另外，柔和的阳光下，狗狗的表现也相对好一些，眼睛也不容易受强光影响，拍摄出来的照片显得更自然。

关于构图

中心构图

　　宠物摄影通常需要考虑到宠物本身爱动的特性，一般都会采用抓拍，所以构图一般将狗狗放置于图像的中间位置，中心构图可以更好地体现被摄主体，使得画面左右平衡。

三分法构图

　　"三分法"就是将我们的构图框横竖都进行 3 等分，将画面 3 等分后所形成的 4 条线和 4 个交叉点，便是安排景物的理想位置。

门窗所形成的框架式构图

框架式构图是一种在光线条件不佳或景物平淡时，突出主体、优化画面效果的重要手段。利用门、窗、洞口等人造物作为框架，为主体增加了一个画框。这个框架不但可以约束住画面的主体，起到限定观众视野的作用，更能够将观众的注意力集中到作者所要表现的主题上来。框架的出现还能表达出画面纵深的空间感，产生强烈的空间变换和透视效果，给观众以身临其境的现场感，形成拍摄者主观拍摄意图的体现。

突出形式感的重复式构图

重复式构图，是在画面中相同或类似的景物重复出现，并按照一定的规律排列和分布，为画面带来节奏感，从而形成视觉上的和谐统一，并带来画面的愉悦感。对于一些形体小、形式单一的主体，我们可以运用重复式构图，通过叠加重复而增加其数量的表达，起到突出小景物、增加画面的视觉冲击力的效果。

开放式构图

开放式构图，又被称为"不完整构图"或"破坏性构图"。它突破了相机取景框的限制，把画面内的主题表达延伸到画框之外，注重画内与画外空间的联系。由于作品的表达延伸到画面外的空白空间，这也就给了观者自由发挥的想象空间，形成了作者与观众的互动交流。开放式构图是摄影受到现代艺术创作影响而产生，更具互动性与实验性，它更多地运用于新闻摄影和纪实摄影当中。

关于背景

室外

如若背景嘈杂，则可以选择长焦距镜头或较近距离进行拍摄，避免背景过于杂乱；如若背景很漂亮则选择广角或中距离进行拍摄，可囊括更多美丽背景，但需要避免喧宾夺主的情况出现。

室内

室内则可以随意选择较为干净、有趣、光线较好的地方为狗狗拍摄，可以是窗边，可以是沙发上，可以是木地板上，适当地在场景中添加一些道具，会使得画面更丰富更为生动有趣，例如小道具或宠物的小玩具。

简便的后期处理技巧!

　　也许家长会觉得 Photoshop 等专业作图软件太过复杂,很难上手,那么不如下载一款简单的软件——美图秀秀。没错~美图秀秀也可以做后期!

画面太黑怎么办?

方法一 适用于夜间拍摄的照片

调整色偏参数,微偏青、偏绿
柔光
去雾
高度美白
轻度磨皮
70% 阿宝色
60% 锐化

方法二 试用于白天于光线不足

略提高对比度
调整色彩饱和度
33% 暖化
30% 深蓝泪雨
15% 日系
17% 亮红
60% 锐化
100% 去雾

让照片变得清晰立体:

方法一 适用于略模糊的照片

100% 去雾
磨皮
100% 粉红佳人
50% 阿宝色
30% 淡雅
40% 锐化

方法二 适用于突出汪星人

调高亮度
调高对比度和色彩饱和度
50%HDR
60% 柔光

抠图换背景!

抠图笔扣取汪星人
打开背景素材
添加扣取的汪星人
20% 经典 LOMO
阿宝色
经典 HDR
40% 淡雅
HDR
调整色调(偏向背景色)
使用局部变色笔涂抹背景

汪星人运动指南

　　运动，不单可以使人类保持年轻活力，同样可以使汪星人健康长寿。有些犬种甚至必须得到大量的运动才能保持正常的生活节奏。例如我们常见的边境牧羊犬、哈士奇、金毛犬等等。缺乏运动可能导致肥胖，也可能导致力气无处发泄而破坏家内设施的情况。

那么，汪星人需要多少的运动量呢？

　　一般按照体型划分，可以分为几种需求：

　　体重 ≤ 5 公斤，在室内的活动量就够了；

　　体重 5 ~ 10 公斤，每日应步行 15 分钟以上；

　　体重 10 ~ 15 公斤，每日应步行 30 分钟以上；

　　体重 15 ~ 20 公斤，每日应步行 60 分钟以上；

　　体重 ≥ 20 公斤，每日应步行 120 分钟以上。

小贴士

　　适当的运动，并不是跑得越快越好。有些家长会骑着电瓶车或摩托车让汪星人在后面追，这种剧烈的运动很容易对心脏造成伤害。尤其是对幼犬和老年犬来说，要特别注意运动强度，避免可能使呼吸和心跳过快的运动，以免对身体造成不必要的损害。

狗狗可以做的日常运动

散步——培养与主人的亲密关系
慢跑——降低血脂
游泳——促进肌肉发育
专用运动器械——培养灵敏度

运动需要"循序渐进"，每天进行适度运动。如果家长平时较忙，周一到周五都没有带汪星人运动，想在周六日带 ta 出去疯玩一整天，那么一定要观察汪星人的身体状况变化，尤其可能会给 6 岁以上的狗狗带来许多心脏、脊椎、韧带与关节的负担。

如果汪星人长期运动不足，尤其过了壮年（8 岁之后），身体开始呈现衰老的趋势，健康问题就会浮现出来。所以，希望家长可以长期地、适度地引导狗狗每天做运动，保持 ta 们的血液循环、肌肉和韧带的活跃度，也能维持消化道正常运作，避免消化不良、便秘等症状。

虽然我们提倡出行，但希望各位家长根据自家汪的身体状况，为 ta 们提供适合 ta 们的户外活动项目！而且平时一天至少两次的遛狗时间可不许偷懒哦！工作一天，这才是我们相互沟通的最好时光呢。希望所有汪星人都拥有健康的身体，好好享受美丽的狗生！

完美遛狗路线

南锣鼓巷

　　南锣鼓巷是中国目前唯一完整地保存着最富有老北京风情的街巷。南锣鼓巷及周边区域曾是元大都的市中心，明清时期则更是一处大富大贵之地，这里的街街巷巷挤满了达官显贵，王府豪庭数不胜数。清王朝覆灭后，南锣鼓巷的繁华也跟着慢慢落幕。

带狗逛南锣

如今，这里已经是各类特色小店的聚集地，个性、小资、屌丝这些标签已经贴满了整条街。无论是平时还是周末，这里都是人气不减。

南锣鼓巷是个挺神奇的地方。神奇的本身不是千姿百态的小店，而是藏在这些小店背后的主人们。他们大多有着可以一把抓住你内心某个角落的神奇魔力，让你放空几秒，再回过神来。而逛街吃饭置办小物件，这些需求在这里都可以满足，就算你待上一整天，也不会觉得单调枯燥。等等，你想待上一整天吗？那么……家里的汪星人难道又要在家翘首期盼你一整天？我们一向都提倡多些陪伴，少些等待！坚决不能让这样的事情发生！于是我们作为汪星代表特意帮大家绘制了南锣鼓巷的汪星地图，不但可以满足你的胡同发呆梦，身边还可以多一个卖萌的小保镖！就算是吃饭下午茶泡吧一条龙服务也不怕！

完美路线

景秀

鼓捣一点

小西堂

Le Labo
酒水实验室

景秀餐厅

吃饭享受

景秀是藏在南锣鼓巷东棉花胡同里的一家老店，已经开了很多年，店主是个热心的北京大姐。

问到推荐菜是什么，直爽热心的大姐自豪地给我们介绍起来。碎溜鸡、软炸平菇都是别人家吃不着的，每天好多人来吃。凭着这几道北京你吃不到的看家菜，一直受到很多回头客的追捧。我们迫不及待地拿起筷子，碎溜鸡酸酸甜甜，外焦里嫩；软炸平菇更是你平时很少会见到的做法，通常我们都是把鸡蛋面粉裹在里脊外层油炸，而一口咬下去里面藏着的是滑嫩的平菇，的确让人眼睛一亮，百吃不腻。

景秀餐厅

地址：东城区南锣鼓巷东棉花胡同36号（中戏对面）

电话：010-64079502

本以为大姐只对看家菜的话题滔滔不绝，没想到聊起狗，竟然更加兴奋。"我一共养过五只八哥！上一只是因为喂养不当造成胃出血，离开了我们，我每天都想他。我特别喜欢八哥这种狗，特别好玩。别的狗我也喜欢，我欢迎带狗的朋友们来我这儿。"

大姐养的八哥叫闹闹，是只小母狗。经常在店里帮着一起招待客人。但是也因为这样闹闹丢过很多次，很幸运都找了回来。所以你可能去的时候会见不到她，不过如果你跟大姐提出要求，也许大姐会特别高兴的说，你等着，我给你抱去！

小贴士：不要把我们吃的食物随手喂给狗狗，一旦酿成悲剧，会让你后悔一辈子。

鼓捣一点

　　在炒豆胡同有这么一家小店，开店的是一对年轻的夫妻。饱览了南锣的喧嚣之后，来这家安静别致的店歇歇脚是件非常惬意的事。鼓捣一点的风格简洁而不简单，木质的桌椅透着一股小清新。墙上摆满了大大小小的艺术品，有许多都是老板亲手制作的哦。墙上的一个大家伙，宫崎骏的粉丝一定认识，那就是老板用纸做的哈尔移动城堡。手工活儿真是相当的赞！小店还有个小小的二层阁楼。虽然只有四把椅子和一个沙发，但是我十分喜欢这个位置！我猜，汪星人也会喜欢这里哒，完全是自己的空间哦！家长们记得用餐前提前预约，免得好位置被别人抢先啦！

　　在商量店内带狗的具体要求时，我们认为这里不适合大型犬的，因为店内很多手工的物品都放在较低的地方。但是超级有爱的老板很大方地说："没事的，随便来~"经过我们一番细致的讨论，决定把带大型犬的小伙伴请去旁边的 MuSir Bar 用餐！没错！鼓捣一点的老板不想拒绝任何一位爱狗的小伙伴，就把开在旁边的酒吧也提供给狗狗用餐。如果你带汪星人逛南锣路过这里，即使不进来坐坐也要跟这位爱狗的老板握握手哦！

限小型犬（安排大型犬在MuSir Bar用餐）

预约电话：13581650223

地址：西城区南锣鼓巷炒豆胡同75号（僧王府）

鼓捣一点

小西堂

下午茶 发呆

　　老板是个大美女！把这句话提到开头是为了抖擞精神的。

　　这里对于带狗的要求很高，但还是忍不住推荐给大家，因为这里实在有特别之处！

　　小西堂是个藏在东棉花胡同里的小店，招牌是一只猫，店里也住着猫咪们，ta 们占据了一个专门的小包间。想跟 ta 们一起用餐吗？那就约会吧！店里有详细的约会守则，还有进 ta 们的屋子要换鞋哦，臭袜子是一定不受欢迎的。因为猫咪们有着自己的单间，所以带狗来就不再是问题。千万不要让你的狗先生去打扰猫小姐，要知道狗先生是一定不会占到便宜的。

小店里外两间，很小却精致得让你眼睛不够用。窗边的小盆栽，墙上的照片插画，红色的台灯，手边的杂志，处处都是那么不经意的细致。向窗外看去，竟是一个大杂院。老旧的桌椅、自行车、随意生长的花花草草，仿佛童年午后的一个梦。那一刻仿佛会看到自己在院子里蹦蹦跳跳的样子，小时候所有关于大杂院的回忆在那一刻翻江倒海。小馆其实是院子临街的门脸房改的，看上去就像在大杂院的怀抱里，坐在窗边的位子，可能会发呆一个下午。老板又美又亲善，问到是否可以带狗狗她满口答应，但前提是千万不可以打扰到猫咪们的正常生活，所以想带狗先生来看望猫小姐的童鞋们，大家尽量周一到周五前往吧！记得预约哦！

推荐店里的特色招牌——榴莲类甜品，此外吐司类的味道也不错。

小西堂

地址：东城区 南锣鼓巷东棉花胡同38号

预约电话：010—84010568

仅限周一至周五 小型犬 提前预定

Le Labo酒水实验室

泡吧通常分安静和热闹两种，如果你家的汪星人可以适应喧闹，不如带 ta 来一起凑凑热闹！菊儿胡同 18 号～这里一到晚上就相当热闹，许多外国人喜欢来这里聚会。在这种人头攒动的地方，如果身边有一只狗狗陪伴，无论 ta 是高大威猛还是娇小卖萌，发光率都是百分之百哦！尤其是对于单身的朋友来说，带狗泡吧是被搭讪的最佳配备！

既然叫酒水实验室，就不得不提这里的酒水。如果单独论酒的种类与味道，这里绝对是南锣当之无愧的第一！Le labo 是真正的酒香不怕巷子深，真正懂鸡尾酒、喜欢鸡尾酒的绝对不能不知道这家店的大名。来这里完全不需要酒单，而且这里究竟有多少种鸡尾酒实在说不清楚（传言 1000 多种）。在这里只有你想象不到，绝对没有你喝不到的。老板是位文质彬彬的君子，为人非常热情，知识渊博，对酒的理解更是了得！来 Le Labo 酒水实验室就不要点蜗牛、螺丝刀、长岛冰茶这样的鸡尾酒了，老板随时会为你当时的心情特制一杯鸡尾酒，绝对是你前所未尝过的味道。并且用冰和用料极为考究，使用冰块绝不是劣质的冰格冻出来的，也不是制冰机粗糙制造而成，Le Labo 用冰全部是"整冰"冻制后再由冰刀切割而成。对于上品威士忌还会将冰雕刻成"冰球"状，这样冰与威士忌的接触更为完整，这是只有在高档酒吧品味上品威士忌时才可以体会到的服务。另外，这里独创了很多自酿酒，无花果威士忌、培根威士忌、雪梨威士忌等。特别推荐烟熏 old fashion，这是在北京酒吧中极少能喝到的由上等威士忌＋苦精调配后，将肉桂等香料使用烟机烧出烟料，经过摇配后使酒与烟相结合的高端鸡尾酒，上等威士忌酒中吐露着肉桂烟熏的味道，如老朋友倾诉般娓娓道来，味道只有自己尝了才知道。

爱热闹，喜欢酒，又不忍把汪星人丢在家的小伙伴们，这里是你们的天堂哦。

Le Labo酒水实验室

地址：东城区南锣鼓巷菊儿胡同18号

预约电话：010-56542511

不限犬型

逛商场看电影
汪星人也可以

北京可以带狗逛商场的地方不多，金源燕莎可以带小型犬入内已经是惊喜了。今天我们一起去的地方谈不上逛商场，却被商场包围。这里是某宝模特外景拍摄的圣地，是小孩子们都喜欢的地方。或许很多朋友都已经猜到，这里就是蓝色港湾。蓝港是可以带狗狗入内的，目前还仅限于户外。这里户外面积大环境好，随处有可以休息的地方。如果周末带孩子来踩喷泉，不忍心把狗狗留在家里，就一起带来吧。在广场玩上一会儿，我们还可以带汪一起去吃饭。

虽然蓝港里面的餐厅不少，但大多不允许狗狗入内。依仗着这里的户外优势，在靠湖的外围有一条街的餐厅都设置了户外座位，我们已经确认，户外座位都是可以带狗用餐的。新元素、汤厨小镇、let's burger 等都是当下非常受欢迎的餐厅。赶上舒适的天气，坐在户外用餐，会让你不禁把节奏调慢。尤其是夜幕降临后，蓝港的灯都亮起来了。无论有无重大节日，蓝港总是盛装等你，也难怪这里是备受热捧的外景圣地，给汪挑上两件衣服，随便往那里一站，都具备大片气质。

吃过晚饭，拍拍照片，这就要准备回家了吗？当然不是，我们还要去做一件很酷的事情——带汪看电影！

从蓝港出来，一路向北，大概5分钟的车程，就到了著名的汽车电影院。带汪去传统影院与大屏幕亲密接触大概只能通过包场来实现了，但是汽车电影院就不同了。这里按车收费，车里可以有人，当然也可以有汪。找个好位置，把车停下，先带汪下来遛一遛，解决下大小便问题，记得收拾干净哦！之后我们就可以等待电影开场啦。如果之前没有吃饭，也可以买一些吃的东西边看边吃，汽车电影院里面也有卖食物的地方。小零食、看电影、温暖毛茸茸的大脚垫……相信此刻给你做脚垫的汪星人完全不在意屏幕上在播放什么，只是希望与你这样一直在一起的周末可以再长一点，再久一点。

逛街，拍照，吃大餐，看电影……这样的周末安排是否已经彻底让你放松了呢？最重要的是放下了把汪独自留在家里的罪恶感，这感觉，是不是棒极了？

完美路线

❀❀❀

蓝色港湾

❀❀❀

汽车电影院

汉石桥湿地

　　汉石桥湿地必须要从冬天说起。大概从 11 月开始，汉石桥湿地就已经进入了闭园的阶段。但是正是因为闭园期间，这里简直是遛狗人的天堂——包场的节奏。很多朋友表示质疑了，闭园期间怎么能进去遛狗呢？因为湿地公园里面藏着一个西餐厅——为蓝俱乐部。虽然公园关闭，但餐厅照常营业。所以你只要从公园的南门进去，跟传达室的大叔喊一声去为蓝吃饭，电子门就会缓缓打开。进去到停车场再到餐厅这段路程是汉石桥外围公园的一部分，这个时节你一进去便可以把狗狗撒开并放心地让 ta 奔跑，不用担心怕狗的人尖叫，更不怕闯出一只好战的大家伙。

一年四季都要来的
汉石桥湿地

　　但这并不是冬天一定要推荐在这里遛狗的最主要原因，更吸引我们的是这里的雪景。我们都知道，在狗狗心中玩雪是快乐 Top1 的地位，而北京的七星级玩雪圣地，这里必须算做一个。当天气开始变冷后，为蓝餐厅门前的湖水就会结冰，下完雪之后这里更是一道如画般的美景。湖面和草地都被厚厚的白雪覆盖，唯有中间一段木桥架在中央，四面无路，只等 ta 的小脚印兴奋地在上面撒欢儿。只有当你站在这里的时候，才会理解雪可以这么美，ta 们可以这么快乐。

随着每一场雪的到来，我们与冬季道别，迎来春天。汉石桥湿地也换上了另一番风貌。湖面解冻，万物复苏，绿色袭来。这里变成了各类杂志拍摄追捧的外景地，变成了各类宠友安营扎寨、钓鱼烧烤的小资聚集地。你可以带着汪星人来这里扎帐篷，晚上看星星，吃大餐。第二天一早你在湖边做做瑜伽，ta 在草地上占领地盘，一切都舒服的让人不愿离开。

这一切都跟我前面提到的为蓝餐厅分不开哦！冬日的冰钓，春季的野营，都是这个俱乐部为大家提供的活动。餐厅价格小贵，中午双人套餐在 200 多元 RMB，下午茶如果点上两杯咖啡配上一块蛋糕大概是人均 60~70 元。

完美路线

汉石桥湿地

为蓝俱乐部

冬天，你可以在餐厅靠窗的位置一窝，把狗狗撒到餐厅门口的草地上撒欢，当然你要确信 ta 不会弃你而去。如果没有这个自信，你还是把 ta 放在脚下让 ta 乖乖睡上一觉。任你们喝着咖啡、发呆或是聊天，又或者隔着窗子吃着小火锅，冬日的暖阳还是会照旧撒在你的脸上，撒在地板上，撒在 ta 的身上。于是恍惚间你仿佛忘记了外面是寒冷的冬天，各种温暖的综合作用让你只想赖在那里不愿起身。寒冷的冬天也可以因为一个地方一个人或是一只狗而变得温暖快乐。

春天，我们可以选择坐在户外的大伞下啦！无论是用餐还是下午茶，都可以完全照顾到你和汪星人的双向需求。ta 有草坪，我有春风。而最重要的是，终于可以边小资边遛狗，大大提升遛狗待遇哦！和闺蜜约上一场户外下午茶，狗狗玩累了，我们也聊尽兴了，大好春光不可辜负啊！

无论一年四季哪个季节，汉石桥湿地都可以满足我们关于遛狗的一切幻想，不得不爱。

山里寒舍

　　山谷是寂静的，阳光是那么明艳，青瓦的屋檐，堆满了落叶，枯草潜入石墙中，随风荡漾起伏，散慢悠闲。这里的村庄原本已经破落，残墙断壁比比皆是，之后，被爱它的人们发现并改造成了酒店，又冠以"寒舍"这样的雅号。难得这样的改造，如此质朴的雕琢，将一处废弃的荒村，还原成它最美好、舒适的模样。村庄里，还居住着几户原住民。夕阳下的院门前，不经意间，就会经过一个扛锄而归的村民，也或是几只游来游去觅食的母鸡，这样的意境似乎不是其他酒店所能比拟的。

逍遥自在的
独门独院

　　还记得第一次来到这个山谷的情形：沿着山路蜿蜒而入，一路山壁高悬、林密空幽，前行良久，也寻不到半点人踪。以为迷路，心生忐忑之时，猛一抬头，远山空寂处，土地平旷，屋舍俨然，大有峰回路转、柳暗花明又一村的惊喜。

　　这里独门独院，在院子里透过围墙就能看见山间成片的向日葵田和远处的果树。房间并不过分豪华，老房子的大梁犹在，屋顶深耸，即使在炎热的夏天，一进门也会感到一阵清爽，空调完全没有必要，甚至晚上还要盖被子。而汪星人终于实现了跨一步进屋，迈一步阳光的日子。这里院子的装饰还会根据季节和喜好随时变幻小细节。

既然是度假，那么饭菜质量就很重要。山里的饮食也同样带着一股浓浓的乡土气息。这里以炖菜为主，是最原始的柴锅炖出来的。原材料都是就地取材，天然种植的农产品、放养的鸡、山里的蘑菇、农家喂养的猪、密云水库的鱼等。荤菜味道浓郁，素菜多以清淡为主。这里的推荐菜也是人们熟悉的小鸡炖蘑菇肉、猪肉炖粉条、白菜炖豆腐、土豆熬白菜加五花三层的薄猪肉片、自酿的山楂汁等。光听菜名也能想象出汪星人已经非常不淡定了！

山里寒舍

地址：密云县北庄镇干峪沟村

预约电话：4008529972（狗狗去哪儿订房专线）

价格区间：1688-2366元

携犬说明：不可携带狗狗进入餐厅

山里寒舍实行管家制服务，只要来之前打个电话，会有专人安排好一切。周边的窟窿山、野长城等都可以带狗狗去爬上一爬。

你一定会喜欢这条山谷的。在这里，你可以睡到自然醒，睡眼惺忪地看着朝阳慢慢挪移。冬的雪夜里，坐在暖暖的房间，听北风刮过木隔窗发出的阵阵声响；春的花树下，沿着被锄头翻开的泥土，寻觅四月淡淡的香气；夏的山谷中，绿荫下迈开细碎的脚步，看雉鸡受惊后扑腾着逃窜；而我又在期待，期待秋天，那漫野的彩叶和满树的红意……每一天，每个季节，都是一幅幅新鲜的画卷，当然，也只有爱它的人，才能读懂它的鲜艳。

行车路线

山里寒舍在密云的山谷中，没有公共交通可以到达，只有一条路通到村里，但交通还是很便捷的，行车只需一个半小时。京承高速—北庄（22号）出口下高速，沿路标行进，由沙太路、北庄出口下转乡道向东北前行约10公里水泥山路即到。注：京承高速承德方向没有21号出口，20号出口之后就是22号出口，行驶时请注意。

怀柔山吧那条路

　　沿京承高速公路行驶，进入怀柔桥，过怀柔桥约 790 米后直行进入京密高速公路，进入雁栖湖联络线，而后进入范崎路一路行驶，就到达了著名的雁栖不夜谷。沿途有很多鼎鼎有名的遛狗圣地，生存岛、神堂峪，稍远的还有慕田峪长城、龙潭涧等，总之玩的地方很多。进山的小公路略窄，新手还是要悠着点开车，要注意对面的车。坐在车里的时候一定不要忽视路边的风景，小公路两边的青山绿树和各式各样的度假村组成了一道美丽的风景，而且越往山里前行越觉得空气沁人心脾，总想深深地吸上几口。今天我们就精挑细选出几个大家耳熟能详的经典去处。

从山吧向山上望去，山上有不少的小木屋和木质结构的别墅，恍惚间仿佛到了世外桃源。门前有一条小溪潺潺地流着，让你从踏入山吧的这一秒整颗心就随着流水声安静下来。山吧大堂前台的台面是一块光滑的木头，大厅里的座椅和茶几全是藤编的，很天然的感觉。墙是红砖的本色，上面挂着几幅简单的小画、质朴的挂毯和一些干花，觉得很雅致。

喜欢山吧的原因很多，比如这里的自然与惬意，比如这里随处可见的猫猫狗狗。这里的农家饭是让我们不得不爱的原因之一。这里吃饭的场所全部都是木头搭的棚子，有在小溪边的，有在山坡上的，你可以让汪星人挑选一个 ta 喜欢的地方坐下。来到怀柔是一定要吃虹鳟鱼的，山吧也不例外。鱼的制作方式无外乎烤鱼和生鱼片两种，但山吧处理鱼的水平确实上佳。山吧第一锅也是

评价很高的推荐菜，一个平底锅八个贴饼子，炸得很透的带鱼和平鱼带着浓浓的芡汁，味道别具风味。除此之外，炸花椒叶也是不可错过的美味。

这里的房间干净清爽，不像传统酒店里那样沉闷的装修，这里简单温馨让人可以尽情地放松。房门正对着落地的玻璃门，光线好极了，推玻璃门走到阳台上，对面就是山，感觉上也就 100 米的距离，配有铁艺栏杆的阳台上，摆放着两只很舒服的藤编椅和一只藤茶几，我们和汪星人的大部分时间都可以在这里度过。

山吧的一切可能都不新奇，但这些元素凑在一起却让我们如此舒服。选个阳光尚好的日子，带着汪星人来山里坐坐，中午吃鱼，下午喝茶发呆。如果懒得往返就在这里住上一宿，第二天伸个懒腰，推开房门，第一口深呼吸一定是想象不到的美妙。

完美路线

山吧

泰莲庭

山吧

地址：怀柔区雁栖镇不夜谷

电话：010-61627027 010-61627398

住宿：580～880元

99

　　泰莲庭的英文名字叫 Lotus Thai，看着这名字就感觉透出一股浓浓的东南亚的味道。说起泰国，或许脑海里立刻浮现出大象、莲花、佛头还有美味的咖喱 …… 而真正到了泰莲庭你才会发现，这里将你一切的幻想都变成了真实。砖色的一排二层小楼镶嵌在大山里，背后是清澈的小溪流淌着欢快的节奏，门前硕大的一个鸟笼里，两只白色的鹦鹉伶俐地看着来来往往的人们。前厅里摆放着一个极具泰国特色的佛头，慈眉善目，盯着它看了半天，觉得心里特别的安静祥和，这是什么魔力？

　　二层的小楼，每一户都是独门独院，楼上有大大的露台任你躺着晒日光或者眯着眼睛小憩。反正汪是一定要在门前的花花草草里打滚的～一个不留神还会跳进溪水里弄得浑身湿漉漉，再乖乖回到你的身边打个盹。不必担心，温暖的阳光 and 和煦的春风会帮你把汪的小湿身体弄弄干。现在要做的，只是彻底的释放，让心灵吸吸氧，精神松松绑～

最有特色的要数房间里的沙幔床了。圆圆的大床柔软又舒适，连汪都要昏昏欲睡啦！从房顶上垂下来的沙幔应该是泰国情调的最好诠释了吧。若是点上几根香烛，透过沙幔的是飘忽的烛光，气氛极其暧昧。

泰莲庭虽说是泰式风情的度假村，但是菜色绝不局限于泰国菜，他们家的泰国菜超级正宗美味，一点也不比北京城各种泰国馆子差。特别推荐冬荫功和咖喱鸡哦，超赞的！若是结伴的小伙伴又多又爱热闹，不妨就自助烧烤吧！不过无论吃什么，都别忘了还有汪在哦！

一天的时光也许太短，短到还没有将这份轻松和愉快好好的消化，但是这份远离城市钢筋水泥的惬意一定会久久地萦绕在你心头，更何况还有心爱的汪在你身边。夜色浓郁，泰莲庭酒吧亮起的霓虹灯光有一点点迷离的味道。如果你也有些厌倦拥挤的地铁、喧嚣的人群、高耸的建筑，泰莲庭愿意将保留的一点宁静与你分享。

无论因正宗的泰餐而选择住在山吧的小木屋，还是愿意吃完豪爽的农家菜再来睡这鼎鼎有名的沙幔床，总之这条雁栖不夜谷是完全可以满足你和汪的全部幻想的。同样在这条街上的"那里"、巴克公社等也是宠友中知名度很高的去处。美美睡醒一觉，可以带着汪星人到神堂峪等地踩踩水、爬爬山，这个周末彻底把自己扔在这新鲜空气里，和汪星人尽情呼吸吧！

泰莲庭

营业时间：14:00～17:00 ；周末全天营业（周末需要提前预约）

地址：怀柔雁栖不夜谷虹鳟鱼一条沟，山吧前行500米

电话：010-61627888

夏日推荐
汪星人最爱的游泳运动

　　狗狗天生就是会游泳的。很多宠友都害怕自己的狗狗不会游泳导致呛水受到伤害，这种忧虑大可不必。游泳是对狗狗非常有益的一项运动，对增加狗狗的肌肉感、增强肺活量等都十分有益。而且泳池里也是狗狗们很好的社交场所，通过游泳可以增加 ta 们之间的互动，促进身心愉悦。对于一些喜欢游泳的狗狗来说，整个夏天都是离不开水的，见到水就停不下来。而对于一些怕水不愿下水的狗狗来说，我们也尽量不要用投掷的方式，可以把 ta 最喜欢的玩具扔到水里作为诱饵，引导入水。只要成功地把 ta 引入水里几次，逐渐适应，就一定会爱上这项运动。那么北京为狗狗专门准备的泳池都有哪些呢？我们今天就来逛一逛北京各具特色的五大狗狗泳池！

小王子爱宠游泳会所

　　如果想保有很好的私密性，这里就是最好的选择啦。地方不是特别大，但胜在干净整洁，给狗狗畅游足够了。而且麻雀虽小，五脏俱全。从泳池边的观赏椅，到卫生间、饮水机等细节非常到位。这里可以自助烧烤，贴心的老板已经为我们准备好烧烤的全部用具，甚至可以帮你直接预定烤串。也就是说你只要直接告诉人家你们吃多少，就可以直接烤起了。这里最具特色的是可以接受包场！就是因为地方小，所以具备包场的天生优势。即使开放散客，每天最多也是 10 只狗以内，以保证场地的宽敞度。这里非常适合约上几个好狗友，大家一起带着狗狗来个烧烤大趴！或者给自家宝贝举办个宠物生日会，这里绝对是上佳选择。有一些好打架的狗狗也不用再担心没有地方可以畅游了，听说还真的有一只狗包场的情景，真是皇帝的泳池啊！

小王子爱宠游泳会所

地址：通州区通顺路王辛庄区

电话：13601099982王女士

价格：单次45元，包场500元

持狗狗去哪儿会员卡享8折优惠（烧烤食材除外）

水墨缘

这里是大狗的天堂，因为这里够大，任何运动都可以实现！可以游泳、洗澡、寄养、水疗、玩球……这里最大的特色在于，泳池是室内的，也就是说一年四季都可以游！喜欢游泳的宝贝们不用憋屈整个冬天了，想游泳了这里随时欢迎。户外大大的草坪可是一定不能浪费的，游泳后可以在草地上跑一跑晒晒太阳，遇上天气好，背毛自己就可以干透。而且水墨缘由于深受宠友们的喜爱，所以在沙河又开了分店。这样更方便宠友们的选择了。

水墨缘

地址：金盏乡东窑温榆河路20号
电话：010—84591302
价格：单次游泳80I元、1300I元20次

大爱园

电话：010-57286343
手机：13501158255 微信：13501158255
地址：昌平区沙河镇白各庄新村定泗路66号
上水庄园内

大爱园

　　大爱园位于定泗路上，园区总体占地面积 7000 余平方米，地儿够大，全封闭安全活动场地，一大面主题墙绘，两块儿超级草坪，三亩的果木园林，是巨大天然的氧吧，方便您和爱犬在这儿一起撒野，尽情折腾。这儿的泳池面积达 200 平方米，可开闭棚室设计，配置国外进口的过滤循环系统，无论有无客人，24 小时不停循环，6 微米过滤芯，水质清澈见底，进口药物消毒杀菌，使泳池干净安全，连人看了都有想跳下去游两圈儿的冲动。

　　这里还有用于狗狗度假寄养的乡间墅窝，每间犬舍都由室内休息与室外活动空间组成，大面积采光，冬暖夏凉，是狗狗寄养非常好的选择。

　　大爱园同时还配有其他现代化的硬件配套设施，包括餐厅、商店、美容室、医疗室、配餐室、户外餐桌、停车场等。

亚福宠物乐园

亚福宠物乐园年头已经很久了，这里最大的特色在于地理位置。大多宠物公园都在北京的东边，南边的小朋友想找个地方游泳撒欢实在不方便。而亚福正好弥补了地理位置的空白，这也是这些年一直人气不错的原因。这里面积很大，环境也还不错，主要分为游泳池和草坪区。周末来玩的狗狗不少，泳池边上有贴心的观赏椅，方便家长随时掌握狗狗玩耍的状态。园区里也准备了随处可见的休闲桌椅，准备点吃的东西，可以陪宝贝在这里玩一个下午，让狗狗彻底尽兴！

亚福宠物乐园

地址：南六环南大红门东赵村桥东北亚福度假村园内

电话：010-81285876

价格：狗狗：20元/只，家长：10元/人

CKC国际宠物公园

完美路线

CKC国际
宠物公园

冒尖川菜
厨房

　　CKC当之无愧是北京宠物公园里名气最大且配套设施最齐全的，这里可以说是宠友最熟悉的宠物公园之一了。这里不但有泳池、草坪、小型宠物游乐园，还配备了比赛场馆。除了寒暑假，这里几乎每到周末都人满为患，大家都是来观看dogshow比赛的。如果你是比赛的发烧友，那么这里一定再熟悉不过。如果你还很好奇究竟比赛是怎样比的，完全可以找个周末来这里一探究竟。园区的绿化一看就是花了心思的，草坪面积很大，完全足够狗狗在这里撒欢疯跑。泳池也很有特色，有爱的设计师把泳池设计成了两个骨头的形状，中间放上观赏椅且支起了小篷子。这样就算烈日炎炎，主人们也有了遮阳的地方。如此贴心，难怪这么多年，宠友们还是一如既往的喜欢这里。

CKC国际宠物公园

地址：通州区宋庄镇大邓各庄村西南角

电话：010-52105266；010-52105288

价格：单次游泳50元

　　既然已经来到了 CKC，那么有一个餐厅我们不得不隆重介绍一下。这就是很多宠友都知道的鼎鼎有名的冒尖川菜厨房。为什么一定要跟 CKC 写在一起呢，因为这家餐厅的地理位置非常偏远，如果平时我们特意从市里开车来吃饭会耗费太高的时间成本，但是如果你周末恰巧带汪来游泳撒欢，那么不去吃一趟冒尖就太可惜了。从 CKC 公园出来，驱车大概 20 分钟，就到了冒尖川菜。这里是可以带狗的，而且这里的老板和宠物有着妙不可言的缘分。

冒尖装修非常普通，走的是教室风格。里面的桌椅都是上学时用的课桌椅的样子，还有大大的黑板。但是无论这里装饰怎样简单，都掩盖不了味道给我们带来的惊喜。厨师是从四川专程请来的，如假包换。店里很多新鲜的食材也是从四川空运过来的，所以当你吃到刚刚摘下来的豌豆尖时，千万不用惊诧它的新鲜，因为人家真的是打着飞机过来的！这里的特色菜——双椒系列真的是辣到爽，宫保鸡丁也不错，如果想尝试一下不辣的菜那么就必点炸蘑菇！总之每一道菜都有惊喜，一定不会让你失望。

这里平时是老板打理日常经营，老板娘是宠物圈内名气颇高的摄影师，店内挂了一些摄影作品。所以这里可以带狗似乎是名正言顺的，最多时，一层有十几只中大型犬包场哦。

冒尖川菜是酒香不怕巷子深最好的诠释。喜欢川菜的朋友几乎每一个都是回头客。找个天气好的周末，带汪星人去 CKC 跑一跑、游个泳，中午来这里吃顿正宗的川菜，光是想想也觉得舒心的不得了。

冒尖川菜厨房

地址：通州区宋庄镇小堡文化广场

电话：010-69598819

北戴河

汪星人与大海的缘分可不浅，ta们喜欢水喜欢沙子的程度完全可以排在狗生Top5！如果你还没有带ta们经历一次说走就走的海边之旅，那简直太不像话了！今天大家就随我们走一趟——北戴河。

完美路线

北戴河

碧海蓝天

sala 私人酒店

一场说走就走的
海边之旅

北戴河海滨地处河北省秦皇岛市中心的西部。距北京市区大约 300 公里，驾车四个小时。景色可能比不过马尔代夫，但是能带上自家的汪宝贝，这个海边游才完整。

既然是遛狗，我们就最好选择错峰时期，每年的四五月份或是刚刚开始冷的九十月份，都是去北戴河遛狗的最佳时机。通常这个时间海边温度较低，是完全不能下水的，所以去到那里的人很少。我们可以把汪星人彻底撒开绳子，让 ta 们自在的在海边飞奔，相信我，你会看到一个不一样的 ta，那种完全状态放松的 ta。

淡季去北戴河可能营业的餐馆还很少，对于热爱烧烤的我们来说也无大碍。买上半成品，带上烧烤器具，来场海边烧烤大 party 吧！如果喜欢，更可以自己腌制喜欢的口味，和家人一起享受自己动手的乐趣。汪星人则依然会严阵以待地监督我们的工作。不要忘记给 ta 们准备一些不加调料的吃食哦~

出行指南

南戴河、黄金海岸等著名海滨浴场都有可带狗入住的旅馆及独栋别墅，出行前一定要做好准备工作，问好是否可以带狗并预订好房间。很多沿海城市都有游客少的沙滩，带狗狗游泳建议避开人群，去人少的海滨浴场。特别注意，我们必须要做到的就是带上便携卫生袋，收拾好狗狗的排泄物，不要污染沙滩，不要妨碍到其他游客，带着有素质的乖狗狗，做一个文明的好主人。

吃饱后在海边走走，和狗娃们一起玩沙子、捡贝壳，很多人都说狗狗见到雪就兴奋得不得了，其实见到沙子也一样会快乐地疯掉哦。和 ta 们一起追跑打闹吧，这里一定没有人笑你。

若是赶上天气好，还可以和狗娃们一起踩踩水。此刻，就算你有什么烦恼，相信也早已经烟消云散啦。若是阴天也无妨，加上雾的北戴河会有种海天一色的朦胧感觉。坐在海边，感受海风拂过脸颊的感觉。或者，就只是发呆，享受着安静的沙滩，和吃饱喝足的汪星人一起等日落。

以前我们总是担心带狗狗去海边很难解决住宿的问题，这个问题遇到狗狗去哪儿也迎刃而解了。碧海蓝天是我们狗友通常会选择的地方，公寓式酒店不但干净整洁，还可以解决基础的做饭问题。从自驾到吃饭到住宿，这些你曾经担心的问题统统都解决了，是不是可以开始把海边之行提上日程了呢？

自驾路线

全程约 285.1 公里 /3 小时 53 分钟

1. 沿五方桥行驶 970 米，过五方桥约 390 米后直行进入京哈高速公路
2. 行驶 247.0 公里，朝支线 / 北戴河 / 南戴河方向，稍向右转上北戴河支线
3. 沿匝道行驶 800 米，直行进入京哈高速北戴河支线

还是那句话，相信我，在海边你会看到一只不一样的汪星人。就像我们有时站在海边，迎着海风，会突然觉得很多烦恼微不足道，心情豁然开朗。那么对于汪星人来说，一定也有ta们积攒下来的小心事，给彼此一个机会，一起深呼吸，放轻松吧！

海边小贴士

1. 对于第一次下水或者怕水的狗，不要向海水中抛掷ta，呛海水是非常痛苦的事情，狗狗可能会抽筋导致溺水，我们要慢慢从沙滩把狗狗送到海水里练习游泳。

2. 一定要有专人盯着狗狗。带狗去海边玩耍一般都会选择远离人群的地方，避免给怕狗的游客造成不快。所以很少有人会牵引，于是每年海边丢狗的情况非常多，总是主人自己玩得太开心了，狗狗跑丢了都不知道，海边范围巨大很难寻找。

3. 如果在沙滩搭帐篷、遮阳伞或户外餐桌，记得给狗狗放一盆饮用水。

4. 狗狗下水玩耍后，一定要用淡水冲洗淋浴，海水盐分很高，对狗狗皮肤刺激不小，不用淡水洗澡易引发皮肤病。

5. 晚上睡觉前一定要保证狗毛是干燥的，否则易患湿疹。

6. 晚上建议牵引狗狗出行，海边总有游客喜欢燃放烟花爆竹，很容易使狗狗受惊吓而疯跑、失踪甚至出车祸。

7. 不要喂食海鱼之外的海鲜，容易引发狗的过敏，严重会有生命危险。

草原之旅
坝上

坝上是一片由草原徒然升高而形成的地带。一路盘山来到这里，享受这片京郊旅游、度假、避暑的首选之地。坝上最适合旅游的月份是 5~10 月。

夏季无暑，舒适宜人。草原上呈现一片绿油油的景象，羊儿、马儿、汪星人一定会玩 high 的！要留意的是这里早晚温差大，即使是夏季的夜晚也只 10 度左右，所以旅游的宠友记得带几件厚衣服御寒，也要帮怕冷的汪星人带上几件哦。

秋季是坝上的"金色时间"，除了草原，这里也能看到成片的森林。喜欢探险的宠友可以去树林里走一圈，拍下汪星人与金色落叶的美丽画面。

坝上

地点：坝上草原位于内蒙古高原的最东南端，大兴安岭的南麓

自驾路线：北京—京藏高速—沙城出口—赤城—沽源—大滩镇—传

奇，总路程约330公里

　　我们认为如果你没有带汪来一次，那么你就不能真正地了解 ta 们。在坝上找一片人少的草原是很容易的，你撒开牵引绳的瞬间，会发现 ta 们的目光呆呆的，我认为那是惊喜上头的表情。ta 们在面对广阔的大草原时脑袋是空白的，没有目地乱跑、吃草、滚屎……不要尖叫，这原本就是 ta 们喜欢的事情。好在通常草原边上都可以找到小溪，拉 ta 们过去洗一洗，在太阳下跑一跑就干了。千万别因为这些小事影响你的好心情，你只要知道，在滚屎的瞬间，ta 们是完全放松与快乐的，那么洗一洗也就不是什么很麻烦的事情了。如果是喜欢玩球或飞盘的孩子，那这里真的就是一幅美丽的风景了。ta 们会尽情地奔跑，你会惊讶地发现原来 ta 们可以跑这么快，原来 ta 们奔跑起来如此快乐。原来，我们曾经好像不那么了解 ta 们。

　　在坝上，宠友们一定会选择骑马这个项目吧～要注意的是，许多汪星人见到马匹会十分兴奋，宠友一定要为 ta 们带好牵引绳，以免被马踢伤。

著名景点

白桦林

坝上的迷人之处，是一路无处不在的美景。入秋几场霜过后，坝上草原漫山遍野的红松、云杉、白桦就抖擞精神，开始了它们生命中最绚烂的历程。来坝上，满眼都是白桦林。喜欢入秋后的白桦林，层林尽染。

闪电湖

当地人叫它闪电湖，这个名字的来历已无从考证，但是在天苍苍、野茫茫的草原上闪现这样敞亮、清澈的湖水，的确能给人闪电般的惊喜。

情人谷

丰宁影视村俗称情人谷，这里是许多优秀影视作品的外景地。其中张艺谋和黄宏在这里拍的两部电影都获得大奖，章子怡也是从这里走向了世界。

塞罕坝滑雪场

位于塞罕坝国家公园内，即木兰围场滑雪场。每逢隆冬时节，白雪皑皑，这里成为滑雪爱好者向往的地方。

红山军马场

红山军马场是国内少有的一类马场，隶属北京军区。这里的草原属克什克腾旗界内，入秋后可以看到草原深处漫山遍野金黄金黄的桦树林。军马场小河头村和附近牧场是拍摄牧区风情的好地方。

塞罕庙

相传康熙曾在这里册封一只三足金蟾为塞北灵验佛，又称赛罕佛，并在此修建一座小庙。据说此庙十分灵验，人若是在森林里迷失了方向，拜拜金蟾就可以找到回家的路。

美食

玩得好，还要能吃得美。在坝上，莜麦和土豆是最基本的食物，还可以尝到许多在城市里吃不到的山野菜。当然，我们带着无肉不欢的汪星人去旅游，必须再点上一只烤全羊啦！

住宿

传奇庄园，拥有独特优美的自然景观，可以说保持了良好的原始风貌。这里建筑风格有点美国西部的感觉，庄园有标准间、大床房、家庭房和别墅供您选择。庄园里住着一只叫大白的狗，名字是我们随口起的。ta性情很温和，看到有狗狗来就很想一起玩，总是默默地跟在身后。我们总觉得大白是这里的守护者，让我们感到安宁。住在这里，随时可以透过落地窗欣赏到草原的美景。冲个热水澡，再抱着汪星人倚在沙发上欣赏风景，远离城市的浮华和喧嚣，将身心全部融入辽阔的草原。推荐顶层带天窗的房间，天

气好的晚上，躺下来看看满天的繁星，想想都觉得温馨浪漫～

行车细节

　　您从北京任何地方出发都要走京藏高速，出六环，经居庸关，过八达岭出口（58.6 公里），继续顺高速往张家口延庆方向行进，过康庄市界收费站（67.1 公里，收费 35 元）继续前行，赤城/怀来/沙城出口（105.7 公里）出高速，出收费站（15 元）后看路标左拐，往赤城方向开。途中经头炮，二炮，大海陀，继续直行赤城方向。约 175 公里处见左手一加油站，路标显示左拐是赤城，此处严重注意！！不能左拐，继续直行 750 米到一丁字路口，直行是去丰宁，在此路口左转，然后顺路一直走，6 公里左右后穿过赤城县继续直行，看路标，顺主路往沽源方向开，一路直行，途经猫域大桥，小厂，继续直行见＜二十五号＞路牌后看路标右转＜沽源县城＞，两边的路灯很漂亮，路也很宽，大约行进两公里多后见十字路口，此路口右转，直行可见右手"平定堡"路标，此处右手是加油站，继续直行（丰宁方向）。平坦且开阔的马路，直行至大滩镇中心，开到头丁字路口右转骆驼沟方向（此口左转是去丰宁方向），行驶几十米后左拐上土路，经过南围子村—三扎拉村—骆驼沟村—十号村—孤石村—四合泉村，土路约 18 公里后可看到传奇庄园路标，顺路标右转下道行使 2 公里到达传奇庄园。

小贴士

选择传奇庄园住宿的游客较多，需要提前几周订房哦。

自驾去青海

自从养了爱莉就没有一家人出去远行过，琢磨借着国庆长假出去走走，因为十一年前跟着同事去过一次青海湖，感觉天很蓝，湖很美，雪山很壮观，牛羊满山坡，这次正好带着一家人再去看看！

出发前觉得带着狗可能会有很多不方便，比如去景点、吃饭，还有住宿等问题，我们也看了一些攻略，但是出门带着宠物的文章太少了，所以做好了最坏的打算，去景点一个人留在外面看狗，吃饭和住宿都在车上解决。就这样怀着忐忑的心里，我们出发了！

D1：下午 1 点我们出发，走京藏高速。第一站包头，全长 660 多公里。用时 7 小时，入住青山区富彩宾馆。酒店是那种商住两用的，所以店家对带狗没有要求！

D2：下午 5 点左右到达第二站中卫，全长 800 多公里，用时 9 小时，晚上入住沙坡头风景区对面的农家乐，住在这里不用考虑带着狗狗的住宿和吃饭问题！

D3：一早游览了第一个 5A 级景区，沙

青海湖

波头风景区地，我们抱着试试看的想法，问了门口检票的工作人员，得知可以带狗后，我们兴奋地进入了！滑沙、看看腾格里沙漠、乘古老的渡河工具羊皮筏漂流黄河，是这个景区的特色，去的朋友一定要感受一下。爱莉在沙漠里疯跑，非常开心！中午我们赶到了第三站西宁，全程530公里左右，用时7小时。入住城中区莫家街边上的鸿美宾馆，老板人很好，我们说带狗了，人家说只要不把屋子弄脏都没有问题，而且价格很便宜。晚上我们还去莫家街去吃小吃，好多排队的！当地的酸奶一定要喝！

D4：一早我们出发前往藏传佛教格鲁派六大寺院之一的塔尔寺，让爱莉感受了一下藏传佛教的魅力。中午前往贵德，观看黄河之水贵德清，如果不说是黄河，你肯定猜不到。路上还在高处观看了千姿湖风景区，秋天的美景美不胜收。重点要说说从贵德前往坎布拉森林公园，一条新修的公路，没什么人和车，全是山路，别看就40多公里，但粗略数数也要100多个弯路，对开车的人是个挑战。路上的风景不错，沿途有河流陪伴，爱莉在湖边玩

耍，我们要不制止，她就冲进去了，这个看见水不要命的孩子。坎布拉风景区是集森林公园、典型的丹霞地貌、大型现代化电站、宗教文化、民族风情于一体的旅游圣地。开车从景区南门进入（重点提示一下从这个门进入景点，门票便宜），从北门出，出来以后沿着大路走就能上去西宁的高速路，非常方便！我们晚上 7 点半左右到了西宁，入住了桑珠国际青年旅舍，都是年轻人聚集的地方，很有风格，老板每人还赠送了明信片，爱莉一入场，把旅舍的年轻人都震了，都说好帅的狗狗！

　　D5：从西宁出发到这次最远的地方甘肃省张掖市，虽然有些阴天，但是不影响观看路上的美景，全程有一多半的高速，剩下的就是有着中国最美国道的G227 了，路上的风景太美了。开车走一会就要停车拍照，别看就这 300 多公

里，我们开了大概 7 个小时，路上有雪山一路陪伴，路过一片片丰收的庄稼，小爱莉在地里疯狂的奔跑，美翻了。晚上到达张掖市，入住金桥宾馆，因为是十一期间，几乎所有的宾馆都是人满为患，所以价格都是翻了 2 倍的，所以建议以后去一定不要赶上黄金周出游。

D6：一早我们游览了张掖丹霞国家地质公园，这个公园虽然也可以带狗狗进，但是不让坐观光车，所以进入景区后需要包车，以后去的朋友一定要注意。爱莉在景区游览时又成了明星了，好多人都看她，而且在山顶还看到了从洛阳来的一家人，也带着一只边牧，两个小家伙认真的打了个招呼。还参观了张艺谋执导的《三枪拍案惊奇》拍摄地。下午我们开车接着走 G227 国道，前往祁连县，路上有很多地方在修路，

但是通过性还是可以的，开小车的朋友也不必担心。路上还经过了一个阿柔大寺，又带着爱莉感受一次佛法的洗礼。

祁连县城是一个安静、惬意的小镇，在众多宾馆里我们选择了广缘宾馆，因为它的旁边就有一大片绿地，宾馆本来是不允许带宠物入住的，我再三跟老板保证，爱莉是经过训练的，不会在屋里大小便、上床……老板还是将信将疑，他觉得爱莉太大了，报纸上经常报道狗咬小孩的事件，我也趁这机会跟他解释，咬小孩的都是烈犬，不是所有的大狗都这样，边牧是特别温顺的犬种，对人特别友善，为了证明，我跟爱莉互动，做各种动作，爱莉也非常配合我，慢慢的老板从之前的害怕，到敢上前抚摸爱莉，跟她嬉戏。心里特别欣慰，爱莉让他改变了偏见，晚上在隔壁超市

121

买酸奶的时候，老板特意叫老板娘过来看爱莉表演，跟爱莉玩了半天，还请爱莉吃了根火腿肠，疼爱地抚摸爱莉，我们离开的时候还恋恋不舍地看着我们远去。

D7：我们去了有着东方瑞士之称的祁连山风景区，这个地方必须强烈地推荐，虽然卓尔山的老板不喜欢狗狗，我们没能坐上观光大巴，但是也不影响我们玩耍。其实路上也没多远，而且路上的风景是坐车欣赏不上的，我们遇到的游客基本上都是爱狗人士，大家纷纷给爱莉拍照，爱莉在哪儿，哪儿就变成了风景，话题也都围绕着爱莉，哈哈~一下子有明星的赶脚了。那个自豪劲~你不养狗你就不会知道！特别是爱莉追羊的时候，

远处有个中年男子边跑边照边招呼他女儿："闺女，快看，真正的牧羊犬。"最得意的就是我跟爱莉照相的时候，听见旁边有人说："你看，人家多酷！跟狗狗合影。"大家纷纷投来了羡慕的眼光。特别推荐一家店"西域烧烤食府"，离宾馆很近，当地好多饭店中午都不营业，晚上6：00才开始营业，老板人特好，知道我昨晚没吃上他家的肉串，中午破例为我做饭，手艺超赞！是我这几天吃的最舒服的一顿饭。

D8：我们从祁连县开车到刚察县，260多公里，开了8个小时。行驶在青藏的高速上，路遇羊群是常有的事情，也许是天性，爱莉一看见羊群就激动，趴在窗户上看半天，

直到羊群远去。遇到这群羊的时候意外发生了，羊群是迎着爱莉走过来的，当羊看见爱莉的时候，突然间集体不动了，目不转睛地盯着爱莉，爱莉也看着羊群，双方僵持了足足2分钟，在牧民的驱赶下，羊群才继续前行，不知道如果没有牧民的驱赶，他们会不会这么对着看一下午。晚上5点半我们来到了青海湖边上的4A景区沙岛，这个时候进入景区是可以开车的，景区很大，里面也有好多娱乐项目，骑马、骑骆驼、沙滩摩托、还有快艇，爱莉有点害怕骆驼，远远的看着不敢过去，看着太阳下山，我们出了沙岛到达了刚察县，入住了鸿湖大酒店，是县城里一个挺大的酒店，这里也可以带狗，真不错！

D9：今天开始我们的环青海湖的线路了，全天在湖边行驶，这个环湖西路也是每年自行车比赛的场地，路况非常好。我们先去了第一站青海湖鸟岛，10月份冷了，鸟都迁徙走了，所以大家如果不是5~6月去的话，还是不要进去了。第二站是黑马河，这里是观看青海湖日出的最佳地点，以后去的朋友在这里要住一天。我们这天天气不是太好，所以我一下就开到了茶卡盐湖，入住了当地很有特色的蒙古包。老板也很好，给我们生火，怕我们冷，晚上我们几个人一起挤在一起可暖和了，小爱莉也钻进了她妈的被窝，可有爱了！

D10：我们一早进入了茶卡盐湖景区观看日出，当太阳缓缓升起的时候，太美了，爱莉在盐地里奔跑，还时不时的吃上一口，我估计咸的够呛。中午我们赶到了黑马河，到一家叫乐山川菜的饭馆吃饭，老板是成都人，烧出来的菜很好吃。饭后我们接着走环湖公路，路上有好多当地人自己弄的景点，靠近湖边，非常好，还比正规的景点门票便宜好多，

我们照相、骑牦牛，爱莉还和牦牛有了一次紧密接触。路过的景点有二郎剑景区、日月山景区，我们去了日月山景区，这里是纪念文成公主而修建的。然后开车直接到了兰州，入住了城关区的速八酒店，这里可以带狗，酒店新装修很干净。早餐还提供兰州拉面，给个赞！

D11：早上我们在黄河边照相留念，然后驱车前往银川，下午4点左右我们去了西夏王陵，感受了一下西夏文化，景点不大，但是这里的工作人员都喜欢狗，爱莉又感受了一下宁夏人民的热情。晚上入住了镇北堡西部影城门口的明星酒店，过了十一就是淡季了，没什么人住，很安静，带狗也没有问题，但是我估计旺季的话，有可能不让，就要跟老板好好说说了。

D12：8点多我们进入了影视城，刚开园没什么人，这里拍摄了好多电影，最著名的是大话西游和红高粱，里面还有好多假人和假的动物，爱莉看哪里都觉得很好奇，这个地方也要推荐一下，经典的场景太多了。强烈推荐清城里的烤白薯，太好吃了，不要嫌贵，好吃没商量。如果你是摄影爱好者，给你发挥的空间太大了，还有最主要的是这里可以让狗狗进！中午12点我们出园，本来要在银川市中心找个地方住的，但是这里的宾馆都不让狗狗进，我们找了10多家都不行，让我们非常生气，一气之下，我就说不在这地方住了，我们开车回北京。

就这样我们的旅行结束了，点评一下这几个省市（自治区），青海、甘肃、宁夏的几个景点还是都可以让狗狗进的。宁夏的沙湖

我们没有去，但是网上说不允许，希望以后去的朋友可以证实一下。银川的市区大家就不用尝试了，带着狗狗尽量在郊区住下。青海、甘肃没有问题，市区里面的宾馆跟老板说说还是都可以的！这次从北京出发，往返5800公里左右，路况很好，开小轿车的朋友不用担心，吃住都不是问题，关键你有一颗爱狗狗的心，还有一个说走就走的假期！希望给以后带宠物去的朋友一下参考。

冰天雪地、寒风刺骨？冬天是
遛狗人的噩梦，汪星人也应该冬眠？
再这样想你就 out 啦！

冬日推荐

温暖的遛狗路线

　　暖阳——溜冰——热炕，看到这几个词，恐怕再冷的天气也会让你这颗遛狗之心蠢蠢欲动了吧？

　　对我们来说，冬天腻在被窝里才是真生活。而对汪星人来说，跑草地扩大地盘才是正业！我们工作了一周，ta们等待了一周，周末还要以天气冷为借口继续犯懒吗？今天就让我们代表汪星球消灭你们一切关于冬天不适合遛狗的念头，带上你的好心情，带上此刻在一旁撒泼打滚求撒欢的宝贝，跟我们一起出发！

我们今天的第一站是一处户外遛狗的明星地——西湖园。位于机场附近的西湖园对于很多资深宠迷来说并不陌生。公园内人工湖（不建议狗狗下水游泳）的西面是十分广阔的草地，草地中间一些凸起的小草坡也会增添很多狗狗们奔跑的乐趣。西北角有个很大的平台，中间是大理石镶嵌的八卦图，人称八卦台，是摄友们拍摄飞机的最佳地点。正因为场地的开阔和没有带狗的限制，这里被发现之后便一发不可收拾。各种大大小小的宠友聚会和飞盘等各类比赛都愿意选择这里。即使聚会都凑在一起，仍然让你感觉场地宽广而清静。如果你想遛狗时顺便找个组织靠拢，那么西湖园是个不错的选择。

农者提示

虽然是冬天，出门时也实在不必把自己裹得狗熊般严实，和狗狗一起撒欢起来可是非常好的锻炼方式呢，一切寒冷都会抛在九霄云外。

走机场高速航站楼联络线上二纬路，西湖园就靠在 T3 边上。踏入西湖园，我通常会先牵着狗狗巡视一圈。一来观察一下是否有安全隐患，二来我遛狗时不喜欢凑热闹，通常避开大聚会找个清净的地方。选好地方，就可以尽情的撒开绳子，让狗狗彻底跑起来啦！中午那会儿，我喜欢坐在公园的椅子上享受暖洋洋的太阳晒在身上。不过这里空旷得会让你有想要运动运动的冲动，即使没有章法的胡乱挥舞一下，舒活舒活筋骨也会觉得神清气爽很多。如果你家宝贝儿喜欢玩球或者飞盘，这里简直再适合不过了！我经常看到很多家长把球扔出去之后自己比狗狗还兴奋，在原地大喊大叫跳来跳去，这种运动实在很有益于身心健康！当然也可以让 ta 和附近的小伙伴们进行一场你追我赶的友谊赛。冬天更适合狗狗进行一些剧烈的运动，不像夏天我们总是需要担心中暑。适量的奔跑不但可以让狗狗们的心情更加愉快，还可以增加自身的肌肉感，促进血液循环，变身强健的汪星人！

小贴士

通常公园都会有阶段性或季节性在草地中投放药物，也会个别出现一些人为投毒的行为。所以在带汪星人出行的过程中，我们一定要对所在环境进行仔细巡查后再撒开绳子。尤其第一次去的地方，可以先找园内宠友进行周边情况了解，不要随便放开牵引绳，这样十分危险！

　　说到肌肉感，除了适量运动，当然与吃也分不开。转眼间已经中午，消耗了一上午的我和汪星人必须解决温饱问题了。既然是冬日路线，那么一顿热乎乎的午餐才是最好的选择。火锅？热炕？让我们走进一条忘记寒冷的遛狗美食大道吧！

　　从西湖园结束遛狗后，驱车上机场北线，天北路出口出，向北就到了罗马湖，用时 20 分钟左右。我很喜欢这条街，当傍晚到来的时候，冰面如镜，夕阳的余晖染在上面，一层橘红色一层墨蓝色。你只要找个地方静静地望着，就会出神。这条街虽然吃饭的地方不少，但是冬季有一些已经关闭，剩下的也大多不允许狗狗入内。但是有我推荐的这家就足以过冬了。

完美路线
🐾
🐾
西湖园
🐾
🐾
罗马湖
🐾
🐾
峪湖园

131

峪湖园

　　我今天给大家重点推荐的可以带狗狗入内的餐厅——峪湖园。峪湖园是个主打烧烤和农家菜的餐厅，坐落在罗马湖西岸。停车入园，穿过院子回廊，跨入第一道门。映入眼帘的，是极富民俗特色的木制门框、棉布门帘儿。门的一侧有两眼土灶，看样子是不用的，作为装饰，气氛十足。

　　掀开棉帘儿走进去，这才到了屋里面。这是个狭长的大厅，内侧整齐摆放着桌椅，靠门的条案上供了关公。穿过大厅走到后院，又是一番天地：不大的地界儿上竟有个池塘，菜谱里有鱼的菜，原材料便是出自这里了。池塘呈椭圆形，中间用小桥隔开；另一侧堆起假山石，店主在此安了水泵，假山石上便有水流飞驰而下，做"瀑布"状。四周围着"长廊"，绿柱红椅，颇有古意。

与后院相连的是一排包间。从走廊里望过去，一个个红绿相间的窗框，窗子上贴着窗花儿。屋子里，炕头上摆着矮桌，虽没暖气，屋子里却如春天般温暖。是的，这里有半个屋子大的一张热炕，吃饭都是盘腿在这上面解决的。设想一下从外面吐着哈气进屋，抬腿就上炕，抱着狗狗一起取暖等上菜……这饭怎么吃都高兴！如今想在北京找到这样的地方实在很难了，整顿饭下来可能我们都不记得吃了什么，因为心里那股热乎劲儿已经盖过一切。不过推荐菜还是有的，拔丝白薯是小时候的味道，骨头一锅鲜对狗狗来说很有意义，麻不怕（牛蛙）推荐给无辣不欢的朋友们。

从餐厅吃饱出来大概已经下午时分了，还有一项活动是我每次都不会错过的，也是我爱这里冬天的原因。这个季节的罗马湖已经结了厚厚的冰，牵着我们的汪星小伙伴上去散散步实在是再好不过的饭后运动了。脚掌接触冰面的狗狗会很兴奋，高兴的围绕在你身边蹦来蹦去，相信我，此时的你只会不禁笑着去回应 ta 们，于是属于你们之间的冰上舞蹈就此开始……非要用语言形容，我只能说那画面太美，我不敢看……

峪湖园

地址：顺义区 顺义区后沙峪罗马湖畔
（罗各庄村委会东北侧）
电话：010-80491295
人均：60元
犬型：不限

冬日雪 夏日酒的
云水花溪

　　推荐云水花溪有两个原因，一个是度假村本身的精致，一个是无论冬季还是夏季，都能让你尽情带着狗狗玩耍。

　　如今有山有水的地方很多，但徒有景色却无品质的地方已经吸引不了想要放逐都市喧嚣回归恬静生活的你了。如果你想与夏夜、初雪、璀璨星空约会，你一定会爱上这里。走进酒店大厅，壁炉造型的背景墙、倒挂的高脚杯、铁艺吊灯、茶具等装饰品，全部采用欧洲风格设计，让人感觉走进了异国风情的乡村酒店。

院中隐没于树木、花草之间的桌椅绝对是个彻底放松的好地方。泡上一壶茶，与好友聊天或者只是抱着汪晒晒太阳，让时间随意流逝，却一点也不觉得虚度。

对了，还可以坐在这里翻翻书。细心老板在院落的围墙钉上了书架，放置了游记、小说、散文等书籍，供游客阅读。

在云水花溪，除了两处别具风格的庭院，还有屋顶露台。向西可仰望巍巍的五座楼长城，向东可以欣赏密云水库的波光粼粼。晚上这里便成了观赏星空最好的场所，仿佛星星就在伸手可摘的地方。这个时候，小酌加烧烤，顺便可以聊聊与汪星人有关的喜怒哀乐。说到兴起时，一低头，ta 可能正在歪脖看你。

冬天，附近是大名鼎鼎的云蒙山滑雪场，找一个不妨碍别人滑雪的地方，让汪星人玩会雪可是大好的福利。夏天，这里摇身一变，变成了云蒙山啤酒烧烤节。除了好吃好喝，汪星人在这里还可以游泳撒泼，简直逍遥到极致。

云水花溪

地址：水库西线公路176号
电话：4008529972

温泉池边的守护者

汪星人是不能泡温泉的，但是大多数温泉都对汪开放。所以温泉池边有一道永远的风景，就是一只困惑的汪。"我的主人在干嘛？洗澡吗？天啊，汪不想洗澡……待会你也要被吹风机对着吹吗……我只看，我不洗……"

不能泡温泉也要带在身边！我们今天列举两个很有特色的温泉去处，无论是别墅还是小院，重要的是，和汪在一起。

　　提起大名鼎鼎的春晖园相信爱温泉的小伙伴们都不会陌生。整个温泉度假村占地 600 多亩，地处北郊顺义区美丽的温榆河畔，是一个集商务、休闲度假、娱乐、餐饮于一体的综合场所。这里的靠湖小别墅是可以带狗的，价格偏高，不过如果是偶尔度假或是某个重要人的生日等等，完全可以来奢侈一把！重要的是不要把我们汪星人扔在家里，我们是最绿色环保的电灯泡哦。你们谈情说爱泡温泉，汪们也乖乖一旁晒太阳。反正听不懂你们说什么，又不会脸红。温泉虽不适合汪星人，但是所有美好的时刻都应该有汪星人的陪伴。

春晖园

地址：顺义区高丽营镇余庄（孙河大桥沿河北岸）

电话：010-59797635

住宿：1450～1600元

犬型：仅限小型犬

京城后院
休闲会所

　　这里是一群 80 后的心血之作，力争打造一个适合年轻人的聚居地，这里可以是哥们儿的据点，这里更是谈恋爱的浪漫地。独门独院的设计尽显私密，而且每个院子的主题都不同哦。哆啦 A 梦、HelloKitty 这些大家熟悉的主题房间非常抢手。老板贴心地为大家准备好了自助烧烤，完全不用自己费劲带工具和食材，只要坐在自己的小院前和朋友边吃边聊就好了。小院里可以边听音乐边吃零食边泡温泉，实在很惬意。既然温泉已经不能共享了，那么零食是不是可以跟守候在你身边的汪分享一下呢？要知道 ta 们会一直不知疲倦地守候在这里哦。

犬型：不限

住宿：480元

电话：010-60409195

地址：顺义区高丽营镇前渠河村235号

京城后院休闲会所

带狗吃西餐

带狗出行，经常会遇到很多麻烦，那么遇见一个心里能装下大型犬的美女老板是不是值得我们相拥而泣一下。从我带犀牛走进店里的一刻，她就不断地拥抱犀牛，跟他说话，满眼欢喜地看着他。

无大不欢的
披萨小店

小店的披萨确实好吃。芝士很足，烤的火候也刚刚好。爱吃芝士的朋友推荐你们吃芝士蘑菇，一定要一口一个，芝士和蘑菇经过烘烤已经融为一体，非常过瘾。

店里有比较常见的鸡尾酒，也有一些店家特制的，喜欢喝点小酒的朋友们可以放慢用餐的节奏，细细品味。

压轴的是甜品。蛋糕是老板亲手做的，用料完全健康安全，味道却能让你很惊艳！推荐红豆抹茶，吃下第一口，空气突然慢下来的感觉。入口即化，甜度适中，抹茶的淡与红豆的腻相融合，相信无论你刚刚吃了怎样的大餐，这一口都是新的开始。

店面不大，但也能提供狗友们聚会包场。包场半天费用2000元左右，细则可以致电美女老板详谈。

小店藏在工体的胡同里，已经经营了13年。之前主要送外卖，周边很多老外都是他家的忠实顾客。今年小店重新装修，增加了很多新菜品和各种鸡尾酒。焕然一新的百好乐现在是一副安乐窝的样子，你走进去就食欲大增，而且那一柜子的酒也会勾足你的酒瘾。

百好乐

地址：朝阳区工体西路7号
电话：010-65513518
人均：67元
犬型：不限
主推：百好乐披萨，芝士蘑菇
停车：胡同内停车或工人体育馆停车场（收费）

来自汪星的
啤酒炸鸡

位于望京的 Yummy Box 是一家非常有感觉的披萨店。店中的镇店披萨是可以做到 28 寸的纽约披萨,适合十个人享用,以及馅料和奶酪十足的芝加哥披萨(也叫深盘披萨,饼边有五厘米那么厚哦)。疲倦的下午,捧上一杯甜甜的摩卡拿铁,搭配一份焦香浓郁的 Pizza,狗狗陪伴,来段神游……

但是我们今天的重头戏是——啤酒和炸鸡!随着"来自星星的你"的热播,大家对于啤酒炸鸡的热情度一路高涨。今天我们就带着汪星人一起吃啤酒配炸鸡吧!

Yummy 家的炸鸡不只是外表裹上一层普通面粉炸,而且面粉中间还添加了特殊的酱料。一口咬下去,外焦里嫩的鸡肉被酱料完全包裹,味道妙不可言。

啤酒小推荐：啤酒我们推荐白熊、企鹅和乐蔓，口味都不苦。乐蔓更推荐女生饮用，味道中会有蔓越莓的味道。另外有特色的是悠航，两个美国人自酿的，有点苦。店中出售悠航的两款啤酒，第一仙和僵尸海盗。

每一只狗狗都是汪星球派来保卫地球的天使，在阳光明媚的午后，带上自家的天使在慵懒安逸、宽敞整洁的"Yummy Box"坐一坐，点上炸鸡和啤酒，来一段幻想和小憩。让我们把韩剧搬下屏幕，继续美好吧。

YUMMY BOX PIZZA

地址：朝阳区望京阜安西路11号麒麟社
新天地AFA105号

电话：010-57389034

人均：100元

犬型：不限

主推：炸鸡，白熊啤酒

停车：物美地下车库（5元/小时）

小贴士

需提前预约。因为经常会有聚会喝酒的客人，为避免发生不愉快，建议宠友们尽量避开用餐高峰期，如非节假日下午14:00～18:00。

北京很多地方已经被商业化的洪流改变了最初的模样，但是在五道营里，你还是可以找寻到最本质的胡同文化。"鹊 La Pie"则是在这样一条充满文艺气息和小资情调的巷子里极为别致的一个好去处。

好春光不如
梦一场

"鹊 La Pie"这个洋气又不失古韵的名字，真真的是衬得起这里的格调。虽不奢华，却充满韵味。每一处细节都体现出老板的匠心独具：嵌入墙壁里的木制书架，手绘在扇面上的精巧菜单，玻璃天窗下面垂着线条简单的艺术吊灯，砖墙上凹凸的小砖块上陈列着各种经典卡通人物小摆件。

最为奇巧的是，老板居然将两面高墙的连接处做成了一间通透的情侣包间，简单的一张桌子两把椅子，挂在墙壁上的情侣小壁画，落地的红灯笼。透过玻璃窗，你可以看到店里全景；而抬起头，你看到的是整个世界。白天的阳光亦或夜晚的星光，都会给你一汪化不开的浪漫。

没有情人的小伙伴也不要沮丧啦，不是还有咱们最爱的汪在身边么？一楼、二楼、包房、顶楼大阳台，都可以尽情地撒欢哦～夏天的时候，露台还会摆放餐桌，供大家享受室外用餐的惬意。只需提前预约一下，就可以大大方方地带着汪来"鹊 La Pie"啦！

超级爱狗狗的老板还准备特别研制一些适合狗狗吃的餐单哦～（点赞ing）想象一下跟汪面对面点餐的有趣画面吧。

鹊 La Pie

营业时间：10:00～22:00(周六不接待汪星人)，
需提前预约。

地址:五道营胡同60号（近雍和宫）

电话： 010-64056168

人均： 156元

犬型： 不限

主推：羊排配紫薯，盆栽奶茶，风味银鳕鱼

停车：雍和宫肯德基边上停车场或雍和宫桥下停车场（收费）

这么大的一片场地，各种主题活动都可以举办。千万不要辜负了这大好的春光哦～带上你的狗狗，约上你的蓝盆友、铝盆友、红颜蓝颜闺蜜小伙伴，一起欢度这好时光吧！

这个小店不起眼到你不使劲找就会错过。但是推开门的一刹那，你会被莫名地吸引。绿色桌布，红色椅子，圣诞节到了吗？

或许就是因为小，才让你处处感觉温馨到爆。满墙的照片就像家里的某个角落，各种装饰品也亲切得好像在哪见过。老板脾气非常好，说话总是乐呵呵，见我们带狗来用餐更是立刻热情接待。

温馨查理
美味披萨

小店的食物如店内装饰一样精致，老板推荐我们尝试了"随意披萨"，名字随意，用料可不随意。再搭配一份吞拿鱼沙拉，两个人就可以吃得饱饱的。

在这里用餐你可以慢吞吞，因为小，所以巧妙地避开了嘈杂的用餐人群，更像自己家的大客厅宴请了几桌客人而已。经常会有外国人坐在你隔壁，他们对狗狗更是特别的喜爱。由于餐厅较小，所以建议带狗狗去之前打个电话预约个位子哦。

边点餐边和他聊，问到这里是否经常有客人带狗来时，他直接站到照片墙面前给我们寻找起来。"这里这里，你看，都是他们带的狗。这只拉布拉多经常来，特别有意思，主人吃饭时他就坐在一旁乖乖地待着，但是眼睛会一直盯着盘子里的食物。"

查理意大利小馆

地址：朝阳区东三环中路辅路
天之骄子小区底商（近a派公寓）
电话：010-67768787 13671124197
人均：70～80元
犬型：不限
推荐：随意披萨，吞拿鱼沙拉，提拉米苏
停车：路边停车（收费）

纯正法式大餐
何须漂洋过海

　　几位海归，怀揣着梦想远渡重洋，学成归国后在各自的领域中施展才能，但一直不能忘怀在法国勤工俭学的岁月，是法式披萨店见证了他们那五味杂陈的留学生涯。为了怀念自己的青春岁月，贝蒂丽雅西餐厅由此诞生。

这是一家地地道道法式风情的西餐店，法国最著名的标杆建筑——巴黎铁塔被匠心独具地做成了门头标识，还未踏进店门就不禁感怀人类的奇思妙想有时候真的可以改变世界。

这里的每一处装饰、每一个摆设、每一幅壁画，都传达着主人对欧洲审美的理解和感悟。聆听着来自19世纪滴答滴答的钟表声，欣赏着20世纪早期略带沧桑和微透神秘的油画，品玩着历经百年的手工艺品及古老的手工咖啡研磨机，仿佛置身于19世纪的法国巴黎。

贝蒂丽雅西餐厅

地址：北京市石景山八角东街南头

（近八角游乐园西南门）

电话：010-56208008

人均：47元

犬型：仅限小型犬

主推：贝蒂披萨，法式蜗牛，奶油蘑菇汤

停车：石景山游乐园停车场（收费）

特别爱这里的招牌披萨贝蒂披萨，因为人家的底酱都是秘制的，还有QQ弹弹美味可口的法式蜗牛，简直不能再赞一点了！纯手工的小麦面饼，新鲜无任何添加剂的精细食材，是贝蒂所遵循的标准。

静逸餐吧
帕尼诺

熙熙攘攘的南锣鼓巷中，也有闹中取静的好去处，位于福祥胡同的帕尼诺，就是这样一个餐吧。看到门口一只竹质小猪，就是这里了。走进门的一瞬间，你就会有一种温暖安静的感觉。店面装修得精致小巧，各处皆有新意。

店内上下三层，木系装修风格，陈列着许多有历史、有故事的古董摆设，每一层都有不同的韵味。精巧的桌卡，墙面架子上的杯杯碟碟和照片，四处装点的绿植，繁多而不凌乱的小装饰品，这一切，都会让你全身放松下来。

小店主营意大利传统手工烘焙三明治帕尼尼和现磨咖啡。店内的帕尼尼都是以意大利地名取名，3号奥斯塔帕尼尼（金枪鱼口味）和9号巴勒莫芝巴达（芝士培根口味）备受推崇，不可不尝。招牌咖啡——贝里诗咖啡则是在咖啡里融入一点儿百利甜酒，苦中一点甜，光是想到就醉了。此外还有口感顺滑的芒果奶昔，味道纯正的乳酪蛋糕和翘着小尾巴的黄金蝴蝶虾，这些都是不可错过的美味哦！

　　这里的服务员态度都很好，不得不说的自然是驻店萌宠服务生——Nino，一进门首先迎接你的就是她了。当你开吃时，一双小眼睛在某个地方目不转睛地望着，期待能喂她一口，她超爱吃自己家的帕尼尼，偶尔可以小小地分享一下，但切忌不可给狗狗多吃我们的食物哦。

帕尼诺餐吧

地址：东城区南锣鼓巷南口福祥胡同3号
　　　（南锣鼓巷地铁站）
电话：010-84039981
人均：56元
犬型：不限（大型犬务必提前预约）
主推：帕尼尼，贝里诗咖啡，黄金蝴蝶虾
停车：南锣鼓巷南口停车场（收费）

　　帕尼尼一词来自于意大利语panini，是一种意大利传统三明治，用意大利面包夹好馅料后放在专门制作帕尼尼的烘烤机中加热形成。其与美式速食汉堡最大的不同是其融合传统美味与现代健康理念，低热量、健康无负担，所以一经推出迅速风行于欧美。

花妞
小食部

那个下午，我们走进花妞小食部，竟有种误入朋友家的错觉。

店面不大却十分温馨：落地窗旁的架子上种着花花草草；洗手池用彩砖装成，十分漂亮；四周墙上挂着竹帘，贴了不少明信片和照片；店里杂物不少，你却丝毫感受不到凌乱。整个屋子都透着一股亲切随意。

老板花妞见我们进来，便迎上来热情地打招呼："快进来，快进来，外面冷吧。"这是个 80 后姑娘，一身民国范儿的素色衣裳配黑色开衫，笑容温婉明亮。

知道我们带狗来做客，花妞特意把家里的苏牧"牛子"带了过来。牛子见到我们有些害羞。"四岁了，它胆子有点小。"花妞说着，又转身从沙发上抱起一只猫放在肩膀上，"这是棒棒，是我领养的一只残疾猫。"

小贴士

胡同里不好停车，开车的朋友们可以把车停在张自忠路上的段祺瑞执政府里，距离花妞小食部约300米。

花妞小食部

地址：东城区中剪子巷39号（宽街路口东）

电话：13466604807

人均：45元

犬型：仅限小型犬

主推：花妞烤翅，小卷卷（培根烤金针菇）

停车：胡同南口对面停车场（收费）

小店主打 pizza，土豆底是一大特色，口味有培根、水果、金枪鱼、黑椒牛肉、萨拉米香肠等。我们问能否推荐一款最受欢迎的，花妞笑起来："其实每个人的口味不同，喜欢的可能不一样。我自己最喜欢水果蘑菇那一种。"除了 pizza，店里还有各种沙拉和小食，量大不贵，性价比很高。

花妞小食部的菜单都是花妞自己手工制作的，剪裁装订十分精致，彩色卡通字体俏皮可爱。看到菜单就像看到了笑着的花妞本人，一如这家店的风格，既简单又随意，既温婉又明亮。

那个下午，冬日午后的阳光透过明亮的窗子落下来，像奶油涂在面包上，让人心生温暖。牛子在店里随意溜达着，棒棒趴在花妞肩上打着哈欠，我们轻轻谈话，偶尔发呆，时间流淌得很慢，一切都那么美好。

石榴树下的
法国菜

　　老北京，四合院，石榴树，法国菜。
这几个词凑在一起是不是一下就激起了你的
好奇心？奇怪就一定是有故事的。赶快跟上
我们的步伐，今天我们要带汪星人去四合院
吃正统的法国菜。

　　餐厅安静地坐落在油漆作胡同里，如
果不是镂空的格子砖墙，也许你就要错过院
子里的别有洞天了。推开院门就能看见一大
片的石榴涂鸦迎面扑来。夸张的色彩和写意
的创作一下子就抓住了你的眼球。

　　老板是从瑞士留学多年归来的老
北京，学的是酒店管理专业，愿望是
拥有一家自己的餐厅。

石榴树下的法国菜的确很地道，特色的香煎鲈鱼、土豆泥、沙拉、鹅肝、蜗牛都非常棒的哦！当然甜点也是必不可少的啦，石榴冻奶酪几乎是每位顾客的必点单品，相信爱吃甜食的汪们一定会垂涎欲滴的！而且院子里那棵大石榴树不仅是餐馆的名字来源，更是很多自制单品的食材来源哦～

石榴树下法餐咖啡馆

地址：西城区 地安门内大街油漆作胡同7号
电话：010-84084602
人均：117元
犬型：不限（大型犬务必提前预约）
主推：香煎鲈鱼，沙拉，鹅肝
停车：天意商场停车场（收费）

若是赶上明媚的午后，不妨来石榴树下，窝在大石榴形状的吊椅里，任汪在院子里撒撒欢儿；或是坐在小露台上，看着别人家的房顶发发呆；说不定还能赶巧碰上老板在屋里放映小电影，直接投影在墙壁上的感觉一定也很酷。是不是心里痒痒的？趁着阳光明媚，和汪一起来场法式邂逅吧！

好朋友的安乐窝

五道营，一个安静中有着小情调的地方。走至巷子深处，藏着一个绝佳的"秘密花园"。猛然抬头看见两个字——溪润，犹如沙漠中遇到绿洲，别有一番风味。不禁对着这两个字浮想联翩——"像溪水一样滋润心田？"

一进门便会有一只巨大的汪星球朋友迎接你，与体型形成反差的是 ta 那温柔的性格。如果运气好，二楼还会有另一只也在接客。不用紧张，ta 们都对你抱着热情的心。

说到美食，烤羊排腌渍入味，私房罐焖牛肉火候正好，有机蔬菜配油醋汁恰到好处地挑逗你的味蕾，各种汤绝对的五星酒店水准！玛格丽特比萨则是心头大爱，真心比很多有名的 pizza 店做得好吃。

听说厨师是从英国回来的，手艺没得说。这里还有用狗狗命名的鸡尾酒哦，好奇心一下子爆棚了吧？

再说环境，三层的小楼，一层的演艺吧定期有现场演出；二层的阳光沙发座，还可以玩桌游，大投影可以看球赛、电影；三层的大露台简直爽到爆！老板和老板娘都是 80后，风趣幽默热情好客。无论是朋友小聚，情侣约会，这里都会是个不错的选择！

溪润餐屋

地址：东城区 安定门内大街箭厂胡同1号
　　　（五道营胡同与箭厂胡同交汇处）

电话：010-64087054

人均：63元

犬型：不限

主推：烤羊排，玛格丽特披萨

停车：雍和宫桥下停车场（收费）

带狗吃中餐

在北京，一说起东直门东四一
带，那可是出了名的美食聚集地。
咱就甭说夜夜笙歌的簋街了，就那
隐藏在一道道胡同里的美味，就足
够达人们吃上个一年半载的啦！很
负责任地说，作为带狗下馆子的资
深吃货，这里绝对是一块宝地！

四合院里
吃烧烤

作为一只北京汪，没有去过四合院怎么可以！这家名叫蚝邸的馆子，就是隐藏在东四十二条胡同里的一家四合院特色的烧烤店。既然叫蚝邸，那么特色就是烤生蚝咯～这里的生蚝以新鲜著称，火候和调味都恰到好处，堪称一绝。除此之外，烤扇贝、蜜汁鸡翅都是让你可以上瘾的必点菜品！

享用完美食，还可以和店里的小伙伴旺财、曾经mini现在已经大腹便便的可爱香猪"火腿肠"一起玩耍。对，你没有看错，是香猪哦～老板，你家火腿肠已经超越小香猪应该有的体型了，这事儿老板娘没告诉你么！

不管你家的宝儿是小到一不留神就感觉会被踩到的吉娃娃、小鹿犬、约克夏，还是大到坐你身边感觉跟你不相上下的金毛、萨摩耶、阿拉斯加，热情好客的老板都会为你和你家宝儿敞开大门哒～莫要担心啦！

四合院、烧烤、汪星人、不再mini的小香猪……就等你和你家汪星人了！

蚝邸

地址：东直门南小街东四十二条3号
（近东直门医院）
电话：010-84046112
人均：78元
犬型：不限
主推：烤生蚝，烤扇贝，蜜汁鸡翅
停车：路边停车（免费）

找寻深藏不露的
文化遗产

　　老北京胡同浩繁千条，数百年里，围绕在紫禁皇城脚下徐徐展开。就在这星罗棋布里，恭俭胡同深处藏着这样一家小店——皇家冰窖小院。这里绝不仅仅是一家餐厅，而且是汪星人极好的去处。好奇心爆棚了吧？跟我走一趟吧！

　　巷子深处，赤红门扉，雕花屋梁，镂空窗格，复古家具，大红灯笼照亮处无一不透露出古老质朴的韵味，这就是我们今天的目的地——皇家冰窖小院。

　　这里现如今已被列为文化遗产，为半地下式的拱形冰窖，高搭天棚，石板铺就的地面，为大家提供了冬暖夏凉的就餐环境。

冰窖是古时人们常用以储冰避暑的窖穴，随着科学的发展，冰箱、空调取代了天然冰的功能，冰窖、天然冰便逐渐消失了，早年天然冰给人带来的清凉世界已经变为历史了。老北京时冰窖分为两种，一为官办冰窖，一为民办冰窖。二者加起来，得有数十座。官办冰窖多为砖石砌筑的拱形地下冰窖，民办冰窖则皆为挖掘土坑，窖穴贮冰。如今民办冰窖早已无处可寻了，官办冰窖至少还有3处尚完好保存着，一在紫禁城内；一在北海公园东门陟山门街雪池胡同，号称雪池冰窖；一在北海公园东夹道恭俭胡同五巷五号，号称恭俭冰窖，也就是我们今天到访的皇家冰窖小院！

皇家冰窖小院

地址：西城区 恭俭胡同5巷5号(北海北门东)

电话：010-64011358

人均：107元

犬型：不限

主推：酱油鸡，凉浸带鱼，冰窖馅饼，单五酒

停车：景山后街停车场（收费）

隆重推荐小院头牌菜色：酱油鸡，这可是传说中的首相钟爱款哦！师傅将北京人制作鸭子的功力分毫不减地运用在了这道菜上，肥而不腻的新鲜鸡肉搭上官配香菇，鲜美程度自然不在话下，再淋上秘制的酱油鸡汁，添几滴香油，绝对的色香味儿齐全。还有老客必点的凉浸带鱼、老北京驴肉、冰窖馅饼。这里还有小院特供私酿：单五酒。制作工艺先卖个关子不多讲，大家可以亲身一探究竟。浅浅一口便唇齿留香的尤物，爱好喝一口的朋友自然是不舍得错过。再者还有后劲儿更为温和一些的花酿：玫瑰酒、菊花酒，总会有一款适合你。

赶快行动起来，趁着今晚月色明亮，胡同，酒馆，等你与汪一道来访。

胡同里的私人定制

托冯导的福，这两年各行各业的私人定制都很流行。我们今天拜访的这家后海小院私房菜，可是私人定制的老前辈了，早在很多年前就主打了这个概念。

这里是典型的老北京小院儿，设计和布置都是典型的老北京风格。推门走进小院，窗台上一排鸟笼子，你会立刻浮想到北京大爷遛鸟的画面，亲切的让你顿时就有泪流满面的冲动。此时，作为小主人公，一只白色的狗狗肯定已经晃着尾巴走过来表示欢迎了。除了他，院子里还有几只小兔子，也萌得一塌糊涂。如果你家的汪星人社交能力强，你完全可以吃饭时就把 ta 们放在一起玩耍，相信短短一会儿 ta 就可以拥有很多小伙伴。

推门进屋依旧是古典简洁的风格，墙上挂着一些京剧脸谱，时常会播放一些京剧片段。这里还是京剧票友的汇合地，大家经常聚在一起相互切磋聊天。如果你恰好能唱两句，兴许老板还会给你免单，完全的老北京性情中人。

这里可是名副其实的私人定制！一天只做两桌饭，没有菜单，吃什么看老板和老板娘的心情。基本都是老北京家常菜，吃过的都说这里吃饭只能用两个字形容——舒坦。

老北京炒烤肉吃起来有黄牛肉的口感，紧致细密。这道菜的特点就是不用很多佐料，简单明快，肉的味道被保留到最好。笃茄子也是一道老北京菜。茄子吸收了料汁，非常饱满，吃到嘴里，嫩汁四溢，唇齿生花。麻豆腐总是让人欢喜让人愁的菜品，爱它的人一朝无一朝想，不爱它的人今生不相碰。但你若尝到这里的麻豆腐，或许爱上的几率会

更大一些。总之这些耳熟能详的地道老北京菜，在这里都可以吃到你最想吃的味道。

这里非常适合家庭聚会，或宴请喜欢老北京文化的朋友们。一家人出门不用再把狗狗独自留在家里。我们在屋内享受着纯正老北京的味道，ta们在院子里跟小伙伴们你追我赶，跟着咱也体会一把老北京胡同私人定制的约会吧！

后海小院

地址：西城区柳荫街西口袋胡同甲17号
电话：13611377115
人均：100元
犬型：仅限小型犬
主推：老北京炒烤肉，笃茄子，麻豆腐
停车：什刹海体校停车场（收费）

"如家"一般

舒坦

餐厅装修极具老北京建筑风格：大门两扇，黑漆油饰；上有匾额，隶书"老北京"三个描金大字；门楣上油漆彩画，两侧有对联儿，同样是黑漆金字。

推开大门进到屋里面，整个房子是老北京式的砖木结构，房架门窗均为木制，周围以砖砌墙。房间里挂着字画，跃层断面上是幅山水写意；与跃层平行的地方吊了盏灯，木雕的灯梁悬着六个白色灯罩，上有牡丹花，怎一个"雅"字了得。

说是私房菜馆，这里倒更有"会所"的感觉，来的都是回头客，不少都成为了老板的朋友。说是饭馆，可这儿一没"厨师"，二没"服务员"。有人来吃饭，老板会亲自下厨，都是秘制私房菜，味道不敢说惊艳，但吃过的食客无一不评价："舒坦"。

老北京如家私坊对食材极为讲究，一般餐馆和家庭都难以比拟。所有的菜都少盐少油，干净健康，价格也不贵。老板不为赚钱，只为搭建个平台，招待朋友。

小贴士

营业时间为周一至周日，11:00~22:00。有wifi，有下午茶。带狗来需提前电话预约。

老北京如家私坊

地址：东城区东四六条（帅府园交通队东侧）
电话：010-64021229
犬型：不限
人均：64元
主推：秘制私房菜
停车：胡同路边（收费）

这里十分适合几个朋友小聚，凑在一起侃大山。聊起来会忘记时间，但是千万别忘了我们的汪星人！把ta们带在身边是最踏实的，一起熏陶一下老北京文化，让好客的老板教你认识几个你一定不认识的字。如果相谈甚欢，老板说了，一定有惊喜！

PUNK迷的 "乌托邦"

　　离摇滚最近的餐厅——"吃面"。推门走进的第一眼，浓烈的 PUNK 气息就扑面而来，皮革、铆钉、米字旗……这些被摇滚迷们所熟悉的元素随处可见，的确是一片很经典的 PUNK 天堂。

　　PUNK 迷们对于"蜜三刀乐队"一定非常熟悉了吧，没错，这家名叫"吃面"的小店正是乐队主创们的杰作。

这里的菜品风格被定义为 FUSION，融合了传统中餐文化之精髓，又结合了西餐饮食之风情。我们隆重推荐一道创意菜——PUNK NOT DEAD！经过密料老汤温火慢熬的牛舌切片，浑然天成了朋克的鸡冠头，与牛舌一锅同时炖制的牛尾随意码放，浓汁浇上，新鲜炒熟的蔬菜丁儿让这道菜更为原生态。传说中的"舌尾一锅出"也不过如此！"吃面"将传统大菜与摇滚主厨的创意相结合，真可以去拿奖了！

特别说明：这道菜需要提前预订！

另一道与电影同名的"蘑菇兄弟"，做法更为考究。每一个口蘑都精挑细选，饱含黑椒加白葡萄酒的精致牛肉馅料，下有黄油，上有奶酪，特制铁锅文火煎制，伴随着滋滋声响和肉香奶香蘑菇香，让每个食客都迫不及待！另外还有丈母娘炖大牛、八大锤、舌尾一锅（朋克万岁）、马克虾（贝斯手马克私家菜）等等，光是听名字就忍不住想要一探究竟。

![吃面]
吃面

地址：西城区鼓楼东大街81号
电话：010-84023180
人均：58元
犬型：不限
主推：金牌肉酱面，PUNK NOT DEAD
停车：店门口可停车

喜欢 PUNK 的人，骨子里都带着勇于向世界挑战的锐气。店里养着的两只傲娇的小英斗，在这一点上也多少受到了主人的感染。面对镜头时的小神态，让人不能忽视它小小身体里存在着的强大的小宇宙。

如果带上自家狗狗到店，会有特殊待遇哦，除了赠送狗狗们爱吃的骨头，店内还备有专门的犬用水盆。

藏在MALL里的
烤鸭店

　　没爬过长城的汪非好汉，没吃过烤鸭的汪星人真遗憾。

　　烤鸭已经成为京城具有代表性的美食，正因为这样，烤鸭店们越做越好，一股脑朝着高大上的方向发展。因为肩负着招待各方来客的重任，所以烤鸭店几乎统统不允许汪星人入内。这难不倒我们，让狗狗吃上北京烤鸭是我们的责任！今天我们就为爱吃烤鸭的你介绍一个烤鸭好吃，又爱心爆棚的地方。

　　燕灶王位于金源燕莎购物中心5楼，你没听错，它在商场里安家，却不妨碍你带狗入内。金源燕莎本身就是可以带小型犬自由进出的商场，也就是说你可以带着狗去那里逛商场。而中大型犬我们也有办法，贴心的商场在一层特意为我们准备了宠物电梯，可以直达五层。

这里的烤鸭是以"酥不腻"著称的。透过餐厅里的玻璃房子可以看到烤鸭出炉的全过程，让你吃得放心。至于那酥而不腻的味道，就要由你亲自去品尝啦。除此之外，芥末鸭掌和火燎鸭心也值得品尝。娃娃菜微辣，泰式猪颈肉肥而不腻，就连最家常的宫保鸡丁也做得很赞。菜量不大，但质量不错。饭后会根据情况送些小食，酸奶、小米粥、空心烧饼……

燕灶王的老板非常喜欢狗，餐厅长期与北京的流浪狗救助小院合作，把店内客人不要的鸭架子运往那里，给流浪狗加工食用。在救助这件事上，有大家始终关注的英雄，

也有很多像燕灶王的老板这样，坚持在背后默默地做些事情。所以我们吃完烤鸭后，可以选择放弃鸭架，把它捐给流浪狗们，让 ta 们过得更好一点。

燕灶王烤鸭

地址：海淀区远大路1号金源燕莎购物中心5楼
电话：010-88861593
人均：86元
犬型：不限
主推：烤鸭，娃娃菜，泰式猪颈肉
停车：大厦停车楼（除3层外其他楼层免费）

温馨提醒
持［狗狗去哪儿］会员卡享9.5折优惠。

球迷最爱

牛板筋

一次偶然的路过，后海附近的这家桐记小灶儿牛板筋火锅就给我们留下了十分深刻的印象——店小但味儿足。更重要的是能带狗。

桐记

小灶儿牛板筋火锅

港式火锅

不大也不惹眼的一个小门脸，平平常常的，不仔细看招牌还以为就是个小酒吧或者卖快餐的小馆子。进去一看，店主是个年轻的北京人。店里装修走的是时下很流行的清新风，墙上画了不少可爱的猫猫狗狗，还贴着国安的标，一看就是国安球迷。

　　开店的是夫妻俩，大厨曾经是全聚德的大师傅。对于小灶儿的含义，老板有着深刻的理解，"上学时候谁不想开个小灶儿啊"，这个小店承载了他的美食梦想和追求。

　　我们最爱也力推的是牛板筋火锅和香辣牛板筋火锅，一上桌就辣香扑鼻，牛板筋香弹入味，货真价实。牛肉、板筋和窝骨筋软烂地炖在一大

桐记小灶儿牛板筋火锅

地址：西城区鼓楼西大街甘露胡同内200米路东第二家

电话：010-64457145

人均：81元

犬型：仅限小型犬

主推：牛板筋火锅，香酥泡饼

停车：钟鼓楼边停车场（收费）

锅里，炖的火候恰到好处。浓郁的汤汁，鲜亮的颜色，满房间弥漫着肉香。老板说关键是在火候的拿捏，时间短了嚼不动，长了则会像牛皮一样越炖越韧。推荐先吃肉后涮菜，有很多亮点，比如芝士丸、蟹籽丸、手切上脑雪花肥牛、黄金满仓、虎皮鸡蛋，还得加份香酥泡饼，泡饼小涮后，外皮吸附着汤汁，还带着炸过的酥脆感，直接吃也不错，香脆得可以当份饭后小零食！

　　需要注意的是，由于店面不是很大，目前这里通常只接纳小型犬，中大型则要视餐厅情况而定了，带狗的家长们务必提前预约哦！

如果你是个美食爱好者，喜欢老北京烤肉，那么这里你不得不来。

大槐树不是一家普通的烤肉馆。这儿原本就是北京八九十年代的邻家小馆，充满着年代感，依稀还能找到当年亲切质朴的感觉，这是关于这座城市的味道。

一座城
一道味

餐厅的创始者是地道的老北京两口子，至今已经经营了20余年，小两口变成了老两口，不变的是这里一如既往的味道，受到无肉不欢的朋友们所追捧。现在大爷大妈上岁数了，把店交给了儿子继续经营。年轻一代接过父母经营一辈子的老店，立刻对狗狗敞开大门，他说"年轻人总要有些改变，带狗吃饭，就是新的改变。"

这里的味道好到让人赞不绝口，特色是独家秘制的小料，还有腌制的特色牛肉和牛舌、让食客大快朵颐的猪五花、腌过的香嫩弹牙的鱿鱼，就连鸡胗、鸡心也是精心腌制并且切成了易烤易熟的片状。还有几乎每桌都必点的鸡蛋炸馒头，以及小时候过年过节才吃的炸虾片。无论是菜品味道还是店家的

细心程度，都向我们最好地展示了一家店经营 20 余年，环境平平，各路吃客却趋之若鹜的原因。

这座城市里关于老北京的味道已经逐渐变淡，承载着我们回忆与成长的地方也越来越少。如果有这样一个餐厅，走进去就想起小时候，还可以带着狗狗，让 ta 也尝一尝我们小时候都爱的炸馒头和炸虾片，这种感觉，ta 一定感受得到。

大槐树烤肉馆

地址：美术馆东街23号（美术馆路口西北角）

电话：010-64008891

人均：80元

犬型：仅限小型犬

主推：牛肉，牛舌，猪五花，炸馒头

停车：门前可停车

值得"私烤"的
秘制烤肉

"因为我有家传的秘方，所以味道特别好。"——有点羞涩、有点贫的 80 后北京小爷们儿店主介绍说。

这里绝对符合老北京的饮食审美。看着就味道厚，各种独家秘方腌制。除了烤肉的各种菜系，还有自己的私家菜。

打开菜单你就会咽口水。味厚多汁的秘制炙子烤肉配上一进门就可以看到的新鲜啤酒，我们已经等不及啦！

说起带着狗狗来吃饭，店主无比坚定地说，可以啊，当然可以。然后就自行讲起了自己养狗的故事。

"以前我养过一只大金毛，但是开店实在太忙了，照顾不好他。觉得他太可怜，后来放到朋友那里养。你们带狗来吃饭我特愿意，多把 ta 们带在身边，是好事。"边聊着边把我们带的雪纳瑞抱了过去，满眼的喜欢。

地址：石景山区鲁谷路33-18号
(近万达广场)
电话：13501010885
人均：70元
犬型：不限
主推：炙子烤肉
停车：门口马路边（收费10元/小时）

有时候吃饭就是图个心情，遇到一个聊得来的老板特别重要。如果你喜欢老北京烤肉，如果你喜欢跟北京小爷们侃大山，私烤这家店一定要来！

这里吃饭，
心是暖的

16 锅盖的老板对狗狗超级热情，是模范爱狗老板之一。

与其他炙子烤肉不同的是，这里的肉都没有经过腌制，讲究的就是原汁原味，配上味道超级赞的蘸酱，简直秒杀了众多料理和烤肉。这里不但能烤，还能涮，是老北京最爱的铜锅涮肉。无论你喜欢烤还是涮，都是心里暖乎乎的吃法。还可以给汪星人准备一些没有佐料的肉，独乐乐不如众乐乐，一起吃才更快乐！

更让我们心暖的，自然还是老板对狗狗的态度。只要你带狗去，老板就会特意给你安排座位，在不影响到别人用餐的前提下，尽量让狗狗和你都能吃得很舒服。

16锅盖

地址：朝阳区翠城馨园340号楼底商

电话：010-67371857

人均：52元

犬型：不限

主推：五花肉，牛肋骨，牛肉，烤培根

停车：大厦地库（免费）

带狗泡酒吧

一个有梦的
地方

　　这是一个很酷的地方。当你踏进这个地方，你就知道这里一定是有故事的。到底是酒吧还是咖啡厅，已经不重要了。

　　第一次见到老板，他是从吧台下面突然冒出来的。披肩长发，笑容可掬。虽然他自己不养狗，但是对狗狗完全不抵触。这里店面不大，却经常有大型犬出入。带着一只大狗来泡吧，着实很酷吧。

问起老板最推荐什么，他毫不犹豫地告诉我们当然是酒。店里有很多长得非常漂亮的酒。老板随手拿出两瓶酒，换上一副庄重的表情介绍起来，"大家普遍认为德国啤酒是最出名的，其实是因为在中国市场占有量大而出名。世界上真正最有名的应该是比利时啤酒，中国市场很少见到，所以觉得陌生。"如果你是喜欢研究酒的人，可以来找老板聊上一会儿。

不经意间，在墙角发现了一张海报，是一张已经过期的摇滚乐队演出的海报。我们打趣地问老板，这一头长发背后是否也有一个关于摇滚的梦？他只是含蓄地笑，很小声地说当年也有过自己的乐队。我没有再继续追问，我知道每个人心底都有一些拿不走的东西。就像我刚刚所说，一踏进这里你就知道这是个有故事的地方。

工作之余，带着汪星人，放下包袱，喝一杯，聊一聊，任性自在，何尝不好。

Felix Bar Café

地址：朝阳区东大桥路45号

电话：010-85794723

人均： 54元

犬型： 不限

主推： 比利时啤酒

停车： 店前停车（免费）

酒吧停车：晚上6点以后可以放心停在老美国大使馆的胡同里。

小贴士

179

一只流浪狗的
酒吧故事

　　你很难把酒吧和流浪狗这两个词联系在一起吧。第一天去 Grinders，没有开门，却见到了传说中的流浪狗在店里看家，蹲下来跟他们打了招呼。第二天再次来到这里，终于了解了关于流浪狗的故事。

Grinders 的店已经开了 3 年，从开门那天起，有一只流浪狗就来到这里，店主喂了他些吃的，从此这里便成了他的家。他们给他起了名字，叫查理，在吧台里给他放了垫子，后来查理又带回了另外一只流浪狗，也成了家庭成员。老板说，有时候在傍晚时分，附近流浪狗都会来讨口吃的，吃完就走了。一直住下来的只有查理和他的小伙伴。

我们蹲下给查理拍照，他很紧张，我想大概每只流浪狗都有一段不为人知的经历吧。

超级推荐这里的牛肉汉堡，腌制好的肉饼火候刚刚好，再加上恰到好处的酱料，一大口下去，整颗心都开始翩翩起舞。非常值得一试哦！

Grinders

地址：朝阳区东三环东柏街天之骄子2号院底商19号
电话：010-87751847
人均：59元
犬型：不限
主推：牛肉汉堡
停车：乐成购物中心停车场

喜欢小酌又爱狗的朋友们一定不要错过这里，你可以给查理带上些小零食做为礼物，可能他就不会太紧张了。最后还要说一句，老板是典型的高富帅，自己养过很多狗狗，又有爱心。给一个大大的赞！

　　蓝溪酒吧是一所融合传统古典和时尚优雅的音乐与户外主题酒吧。前身曾是清朝晚期庞太监的前院，如今已经成为北京胡同游必到的一处景点。它作为一个中国传统的四合院建筑，其主房距今已有 100 多年的历史。

　　旧鼓楼大街的传统四合院，树影深深，民谣轻奏的小天地。"一花一草一从容，一坐一忘一相思。"爱好旅游的老板将很多地方的元素融进了蓝溪，小院里木质花架上挂着一排排鸟笼，却做灯罩专用。吧台装饰透出浓浓的现代感，悬挂的光碟，墙上霸道的涂鸦。蓝溪就是这样，古典与现代的契合，宁静与激越的和谐。

民谣轻奏
小天地

天色渐渐暗下来的时候，华灯初上，驻唱的乐队已经上台准备，音乐缓缓响起。这里没有都市的喧嚣，没有迷幻的色彩，你可以坐在小院中边听歌边放空，也可以在天台望着晴朗的夜空发呆想事。无论你是一个人带着汪星人，还是约上三五好友，在这里你都能得到最纯粹的释放。而且天台还是拍摄鼓楼的绝佳位置，尤其是每天夕阳西下时，醉人的金色和雄壮的鼓楼交相辉映，构成了一副绝美的画面。

蓝溪酒吧

地址：西城区旧鼓楼大街183号

电话：010-64032597

人均：47元

犬型：不限

主推：特调鸡尾酒

停车：钟鼓楼边停车场（收费）

店里的活动总是特别丰富，宁静的午后点上一杯特调鸡尾酒，和年轻的调酒师聊上几句，或是和朋友一起静静地看一场主题电影。运气好的话，可能有机会目睹一场从天而降的求婚。蓝溪被布置的幸福满满，院子里的老槐树一直守着这里，似乎只是为了见证爱情。

我们都爱的
啤酒基地

　　小店主营啤酒：深象，粉象，智美蓝帽，IPA，比利时小白熊，红海豹，罗斯福 8 号……种类实在太多，一次一种的话，一年想必也尝不完。无论你的口味有多奇怪，这里都能找到让你心动和适合的那款啤酒。

　　啤酒杯自取，整整一墙，各种形状。自己挑，自己洗，也蛮有意思。老板偶尔还会自酿啤酒，不卖，只是试着玩，自己喝。至于能不能尝到，就要看你的运气喽~

　　和很多酒吧比起来，这里的啤酒价格便宜将近三分之一。可以在这儿慢慢喝，也可以买走。老板很善谈，还会给你讲讲这买酒的门道。

食物虽说是简餐，味道却一点都不简单，甚至可以说是相当惊艳！据说老板曾是星级酒店厨师长。披萨料足味浓，味道绝对没得挑；金枪鱼沙拉和厨师沙拉超级赞；牛排可以直接干掉很多知名餐厅；还有奶油蘑菇汤，味道和著名的基辅餐厅有一拼。想必身边的汪星人闻着这味道，又是满地口水，撒泼打滚加卖萌的状态了。

店里宁静雅致，春天的时候可以坐在外面看桃红柳绿，汪星人卧在脚边，很是惬意。因此这里也成了很多宠友的"基地"，无论是聊梦想聊感情，过去还是未来，只要想停下来休息一下，都会选这里。

Mr.beer

地址：东城区帽儿胡同41号
电话：13301029581
人均：50元
犬型：不限
主推：披萨，金枪鱼沙拉，厨师沙拉，牛排
停车：地安门商场停车场（收费）

老板是一对年轻的夫妇，自己养狗，自然也非常爱狗，每次去都会一起聊聊最近狗娃们在家又发生了什么故事。他们非常欢迎汪星人入内，不过由于店面不是很大，如果你的汪星人有条大尾巴扫来扫去的话，请一定不要让 ta 太激动哦！

温馨提醒
如果提前预约的宠友们较多，老板还会为汪星人准备小零食哦！

球迷的小酌圣地

　　后海给人的感觉总是热闹非凡，形形色色的人们在这里回忆或是书写着各种各样的故事。位于银锭桥附近的南官房胡同，则与胡同外的熙熙攘攘形成了鲜明对比，成就了纷纷扰扰之中的一抹清静。

　　我们今天要带大家去的德国 HB 皇家酒馆就坐落于此。墙上的挂旗、四处悬挂的横幅、吧台上穿队服的小熊，每一个细节都告诉你，如果你是国安球迷，来这里就对了。追随了国安十余年，"国安"两个字，已经是一种精神。

如果你是个爱国安的宠友，这里就更是你的天堂。独乐乐不如众乐乐，清晰的大屏幕，和你一样爱足球爱国安的朋友们，边喝啤酒边看球，一起呐喊一起叫好，这几乎是球迷们共同的爱好了。没有球赛的时候，这里会变身成一个安静的酒吧，约上三五好友，喝着啤酒看电影，也是个不错的选择。

慕尼黑进口的德国黑啤，泡沫丰富，口感和德国本土绝无差别。两根慕尼黑烤肠和

两根图林根烤肠拼成的"烤肠双拼"味道极佳，更是下酒的好菜。对于我们的汪星人来说，看球还是看电影，这个都不重要，重要的是你在吃什么！既然我们的食物对 ta 们有害无益，那么千万别忘了给 ta 们也带上点好吃的，吃饱了就可以在开赛的时候呼呼大睡了。只要陪伴，不需言语。

德国HB皇家酒馆

地址：西城区南官房胡同2号
（银锭桥南 靠近后海南门涮肉）
电话：010-83288311
人均：50元
犬型：不限
主推：德国黑啤，烤肠双拼
停车：地安门商场停车场（收费）

温馨提醒

持［狗狗去哪儿］会员卡可以享受9.5折优惠。

如果不是亲临这里，你一定无法体会到摇滚元素带来的强烈视觉冲击；如果没有看完一场 show，你也一定无法感受到"摇滚不死，音乐永生"的听觉盛宴。

老 What，一个在摇滚圈里非常有名的酒吧。斑驳的白墙上，四处可见随意的涂鸦、一片一片凌乱的线条和不知所云的图片海报；直接在墙壁上挖出来的不规则圆拱门洞，裸露出一块块红黑色小方砖；木制的大房梁下面是水泥砖块垒砌的吧台，林林总总的各式酒水饮料码放在高高低低的木制酒柜里；靠墙根儿一圈矮沙发上大大小小十几个靠垫，阳光透过窗子洒进来，不觉地想要窝进去酣睡一场。

因为是酒吧，所以这里并不提供主食。但是，花样繁多的酒水饮料一定能弥补这小小的缺憾啦！咖啡、豆奶、茶、梅子酒（云南）、老挝啤酒、鸡尾酒等等，总有一款适合你。

别看闲暇时段的老 What 是如此的静谧，一到夜晚，整个酒吧就沸腾起来了！各路音乐发烧友、摇滚青年、雷鬼爱好者都会聚集于此，老板自己就是乐队 earlybus 以及 skarving 的鼓手，经常亲自参与演出。喜爱

现场感的朋友不要错过哦～

若是某个下午，只有阿汪在你身边，不妨来老 What 坐一坐，想象一下狗狗和摇滚，这两个本无交集的元素叠加在一起，会产生出怎样的化学反应呢？

老What酒吧

地址：西城区北长街72号（营业时间：15:00起）

电话：13331112734

人均：43元

犬型：不限

主推：咖啡，豆奶，梅子酒

停车：门口免费停车

带狗喝咖啡

8 度空间
倍温暖

老板是台湾阿姨，非常健谈。如果喜欢听台湾腔的朋友，可以抱着狗狗来店里找阿姨聊聊天。她会非常热情，且抱着你的狗狗要求你为她们合影。

八度空间就像我们每个人身边都会有的一个朋友，不惊艳，却很舒服。大概也因为这点，在周边各式咖啡厅林立的地段，八度空间还是有他忠实的粉丝们。

咖啡厅分为上下两层，空间很大，一层为无烟区。无论你是两个闺蜜之间的下午茶，还是三五好友的小型聚会，这里都可以满足你的需求。如果你是个喜欢小情调小氛围的女孩子，这里更不会让你失望。

　　无论一层还是二层，狗狗都可以跟你蹭着坐上大沙发，沙发真的很舒服，任你跟闺蜜八卦聊个够，沙发已经可以满足狗狗美梦的需求。还有一个秘密，我们一般不告诉别人，这里总是可以看到很多帅哥美女哦。

八度空间

地址：朝阳区百子湾南二路76号乐成国际5号楼3A

电话：010-87724645

人均：41元

犬型：不限

主推：茄汁培根面，黑椒牛肉面，摩卡

停车：路边停车（收费）

　　推门进入一家咖啡厅，看到汪星球的小客人坐在那里，歪头与你对视，瞬间心都跟着融化……

专治不服的
小嗡咖啡

　　坐落在鼓楼东大街上的小嗡咖啡（英文名：The Pool Bar），店面不大，名气不小！是个看似不起眼，却能让人不拘束的地儿，从骨子里透出的一种本能——随性。

　　旧仓库改造而成的酒吧透出一股独特的feel：斑驳的墙壁上有着炫丽的涂鸦壁画和泛黄的贴图海报，钢筋房梁上粘着各种小烟盒，吧台不算太大，玲琅满目地堆放着各式酒水饮料和杯子器皿，这么别出心裁的创意，只因老板是个天马行空的大男孩。

来这儿的人五花八门，学生、白领、公务员、摇滚乐手，反光镜的鼓手叶景滢就是这儿的常客。常来的小伙伴一定知道老板李叔。起初只是为了辅助儿子，没想到儿子有了其他事业后，李叔就成为这里仅有的一把手，一当就是六年。从李叔那时常处于岔人与被岔的状态你就能看出他的亲和力。来这儿不就图这么个抛开身份背景的自在气氛吗？

到了该喝酒的时候，谁也不会认怂。苦艾酒是乐手最爱，或者来杯李叔特调的长岛冰茶，加入了神秘配方的"治各种不服"，喝起来似乎是不那么一样。女孩则可选一杯鲜榨牛油果牛奶蜂蜜汁，会让你发现闹哄小酒馆也有柔情一面。

小嚼咖啡

地址：鼓楼东大街108–1号（近熊记抄手）
电话：13811820751
人均：63元
犬型：不限（大型犬提前预约）
主推：苦艾酒，长岛冰茶
营业时间：18:00~02:00
停车：路边停车

喜欢热闹的，一楼的桌球台和桌式足球绝对让你 high 到爽。想要安安静静待着的，就楼上请吧～软软的沙发位特别适合抱着汪小憩。靠窗的位置可以看到别人家的房顶，还有偶尔路过的猫咪。靠墙角的沙发座专为闺中密友互相八卦提供绝密基地，趴在大腿上打盹的汪的梦里会不会有你八卦的那个人呢？

爱，深似海

深海是众多宠友向我们强烈推荐的。这里应该划分在西餐还是咖啡厅，实在让我们有些犯愁。若说西餐，这里的拉花咖啡实在很棒；若说是咖啡厅，这里的主餐一点儿也不逊色。

店面面积不大，却绝对称得上"小而美"。环境干净温馨，复古的砖墙，与墙融为一体的书架，看上去好像与谁谁家的客厅特别相似。

这是一家名副其实的夫妻店，两人大概希望每天都可以在一起，才选择经营一家属于两人的小店。他们都是80后，热情好客，从拉花咖啡到主餐烹饪都是帅哥老板亲力亲为，而老板娘只需要负责貌美如花就好。

说到食物，不得不提的就是牛排和比目鱼——牛排鲜美，比目鱼焦嫩，几乎是客人们到店必点的保留菜品。肉丸和咖喱是众多"吃货"的最爱。这里的食物最大的特点就是：讲究。所有的原材料全部空运，"深海捕捞，野生进口"是小店的宗旨。想必店名也是因此而得。对食物有高度追求的朋友们，看这里看这里。

运气好的时候，店主会把爱宠萨摩耶带到店里，你要准备好 ta 会时不时地冲你来上一个标志性"天使笑"，内什么，心又融化了。而和 ta 一起镇店的小伙伴——胖乎乎的大猫

咪"花卷"则喜欢慢悠悠地在店里散步。这一动一静和平相处，完全不必担心会上演猫狗大战，这部电影的名字应该是《深海·深爱》。

无论你是否每天都能与爱人在一起，无论你爱猫还是爱狗，如果爱，请深爱。

深海酒吧

地址：朝阳区双营路11号院5号楼底商
电话：010-84928285
人均：169元
犬型：不限
主推：牛排，比目鱼
停车：美立方小区停车场（收费）

陌生的旅途 相同的足迹

　　如果你想要放松的陪伴，我们告诉大家一个好去处——陌迹咖啡。这里的"陌迹"不是慢的俗称，而是陌生的旅途，相同的足迹。原本有着陌生生活轨迹的两个人，因为一场旅行或是因为在这小小咖啡馆的遇见而会有相同的足迹。

　　餐厅内很多细节之处都藏匿着旅行的元素，墙上贴满机票火车票的行李箱、"求搭车"的小招牌等等，都暗示"陌迹"的含义。就如同你遇到属于你的汪星人的那个瞬间，或许

有很多奇妙的缘由，但无论因何而起，从此不离不弃。

店内整体装修风格十分简约，很容易让你放松下来。二楼观景台可以一览后海美景，喧嚣中带来一份宁静。店里

播放的音乐，可以让心情瞬间安静下来，来过这里的人都会为之点赞。

这里的饮品非常讲究。陌迹冰饮酸酸甜甜，绿色渐变会让你莫名地心情舒畅起来；有果肉的黑加仑鲜榨值得推荐；杏仁摩卡也是出乎意料的美味。点一杯你爱的味道，与旅行来一场亲密接触吧。

约上知心闺密，点上一杯咖啡聊聊生活八卦，或者只是窝在沙发里呆上一个下午，看看书上上网。而汪星人此刻就卧在你脚边，眼睛已经困得快要睁不开了，却还是警惕地关注着你的一举一动。一个人无所事事的时光是虚度，一个人加一只狗的时光被称作陪伴。

陌迹咖啡

地址：西城区前海南沿5号(近地安门百货商场)
电话：010-64060238
人均：45元
犬型：不限
主推：陌迹冰饮，黑加仑，杏仁摩卡
停车：门口停车场（门口10个车位免费，先到
先停，外面停车30元/天）

萌爪
发源地

　　这里的热狗们贴着两个标签，一个是全北京种类最丰富的热狗，一个是全北京最好吃的热狗。

　　Vie 是一对 80 后小夫妻开的热狗店，小夫妻说这个店完全是凭借一时冲动开起来的，我倒认为冲动是因为热爱，热爱才能做到最好。

　　Vie 每天都分饰两角。白天是环境舒适的咖啡厅，安静放松；晚上立刻就变为一个动感热闹的美食餐吧。

这里有各式各样的美式大热狗，你可以根据自己的喜好随意选择，不善做抉择的朋友站在这里可能会很为难，因为每一款都想吃。沙拉、意面和各式炸物都有，每一种都精选最具特色的食材。如果这些还不够，那么来自不同国家的十几种啤酒以及老板亲自调制的鸡尾酒是不是足以让你惊喜了。试想一下啤酒搭配美式大热狗，是不是很过瘾？

Vie-Hot Dog & Bar

地址：东城区五道营胡同甲75号两侧
电话：010-84083107　15611684616
人均：45元
犬型：不限
主推：红丝绒蛋糕，猫爪冰淇淋
停车：雍和宫桥下停车场（收费）

Vie 还有一款这个夏天很流行的萌物作品，人气爆棚，这就是萌爪雪糕！你来过南锣却没有和萌爪相遇，简直是今夏最遗憾的事儿了。萌爪的创造者就是 Vie 的美貌老板娘，她把对狗狗所有的爱都亲手做成了食品，热狗、萌爪……而且这是真正的纯手工制作，绝无添加剂。除此之外，老板娘还很擅长各式甜点，红丝绒以及猫爪芝士等都值得一试。不知道狗狗见到萌爪会是什么表情呢？似曾相识？明明每天自己也在舔来舔去嘛……

如何让你遇见我，在我最
美丽的时刻

　　这是一个两个孩子的年轻妈妈开的咖啡馆，她说每个女孩子年轻的时候都有一个开一家小店的梦想，她的梦想就是这里。

　　这里如很多咖啡馆一般温暖精致，但是仔细推敲，又会让你的心一下一下收紧，感动，莫名微笑。

老山咖啡

地址：石景山区石景山路21号隋园食府院内

电话：010-68809764

人均：40元

犬型：仅限小型犬

主推：自制布丁，美式咖啡，招牌培根意面

停车：门前停车场（免费）

店里有一棵咖啡树，这是女主人很巧妙的一个设计。这个区域向我们展示了一杯咖啡的由来。从咖啡树上结出咖啡豆，经过烘焙由生到熟，之后研磨成咖啡粉，再用温度刚好的水煮沸。至此，诞生了你手中这杯咖啡。这个过程原本不必心动，但是如果看到这杯咖啡旁边的立牌上写着一首席慕容的诗"如何让你遇见我，在我最美丽的时刻"，你的心是否也会突然漏跳了一拍。

"很多客人点一杯咖啡要喝上半天，咖啡都凉了，简直太浪费了。像意式浓缩咖啡应该是在十秒内展现它的最佳风味，当然没有具体要求，但总是应该趁热的。"女主人聊起咖啡有说不完的话。"因为我喜欢，所以一直在研究这些事情，喜欢的事情就不觉得麻烦。"

说起狗狗，店主强调一定要小型犬才可以。因为店里经常有小朋友和孕妇。

男主人给我们讲了自己救助流浪狗的故事。"就在店门口的下沉围栏里，有一只常年流浪的黑白色小狗，我给她起名叫板凳。我一直都负责喂养她，一叫名字就出来吃。有时候还会有一些小伙伴跟着出来，一起吃完

又各自流浪去了。"

惦念着流浪狗的故事，怀揣着咖啡树下的那首诗，告别了老山咖啡馆。回去的路上一直微笑发呆，仿佛刚从一个美丽的故事里走出来，那里有爱情，有狗狗，有咖啡，有幸福。

"如何让你遇见我
在我最美丽的时刻
为这
我已在佛前求了五百年
求佛让我们结一段尘缘

佛于是把我化做一棵树
长在你必经的路旁
……"

这里的老板叫

焦糖

相较于南锣鼓巷的熙熙攘攘，北锣鼓巷则显得慵懒而宁静。走进北锣鼓巷，远远地看见一个小黑板——"北锣鼓巷93号"，旁边的小考拉十分呆萌，这里就是焦糖咖啡。

咖啡馆的英文名是"lazy café"，店主是个热闹酒吧的DJ；微笑起来很温暖。店主坚定地表示，现在的人生活都太快，如果能够慵懒一些便好了，那句话怎么说来着，"等一等灵魂"，于是便有了花盆上的字——"发呆免费"。店里的点点滴滴都是他一手打理的，"亲力亲为才能做好。希望每个来店里坐坐的都可以成为朋友。"

偶尔一只萌翻人的咖啡色泰迪会跑到对面的座位上，很乖巧很害羞，伸出手的时候ta向后退，而收回手的时候ta又伸出头来。问及ta的名字——焦糖！

恍然大悟焦糖咖啡的由来，原来这里卧着的才是真正的老板啊。焦糖有很多好朋友，邻居家的白色小泰迪经常会来找他约会，所以运气好的话，你会在这里看到一对好朋友哦。

如此好客的"老板"，自然欢迎你家的汪星人！你可以带上自家汪星人，点上一杯咖啡，再来上一份芝士蛋糕，看书发呆，或者跟老板聊聊养狗心得也不错哦！

▦ 焦糖咖啡

地址：东城区北锣鼓巷93号
电话：13661263532
人均：60元
犬型：不限
主推：华夫饼，布朗尼，提拉米苏
停车：鼓楼东大街天路苑宾馆停车场或路边（收费）

带狗逛公园

黄草湾
郊野公园

　　公园绿化好，面积大，经常有狗友们在这里聚一聚。公园里没有过多复杂的设施，人少的时候非常清净，喜欢遛狗时避开人群的，可以考虑来这里遛一遛。公园内树荫不多，所以太阳足的日子建议傍晚再来。公园内允许自助烧烤，但一定要注意防火哦。

　　公园特色：经常有大小狗友聚会，想找到"组织"可以来这里碰碰运气！

黄草湾郊野公园

地址：朝阳区大屯乡北五环路(近姜庄湖高尔夫俱乐部)

☑ 免门票　☑ 绿化　☑ 停车场　☑ 烧烤　☑ 休息椅　☑ 湖水

行车路线：由北京城区进入四环主路，行驶至望和桥，从姜庄湖出口出四环主路，进入北四环辅路，右转进入鼎城路执行北湖区路，行驶右转到达黄草湾郊野公园。

朝来
森林公园

　　这里因为绿化好的关系，空气异常清新。在公园里待上半天都会明显觉得呼吸顺畅很多。春天挖野菜，划划船，钓钓鱼；冬天可以滑滑冰车，带汪来玩玩雪。朝来森林公园以树木、草坪为主，突出植物景观，这样的绿植规模实在是过滤雾霾的好地方。全园根据功能分为文化娱乐、花卉观赏、天使乐园及安静休息等4个景区。因为准备了儿童设施，所以带小朋友来也可以尽兴。而且小朋友们在这里可以认识蒲公英等有趣的植物，增长知识。全家出行还可以带点食物，野炊一下。空气好的地方怎么待都喜欢，当然汪星人会更喜欢。

　　公园特色：空气中负离子含量据说是北京最高的，适合修身养性。

　　周边用餐：望京YUMMY，锦里炊烟

朝来森林公园

地址：朝阳区来广营乡

☑ 免门票　☑ 绿化　☑ 停车场　☑ 儿童设施　☑ 划船

行车路线：由北京城区进入五环主路，从广顺北大街/望京/来广营出口离开，直行进入广顺北大街后上来广营北路，在来广营北桥调头继续沿来广营北路行驶，右转到达北京朝来森林公园南门。

永定河
森林公园

离市区最近的生态旅游公园，有市区里难得的水域。公园免费开放，适合周末带着一家老小去戏耍游玩。几乎所有郊野公园应该具备的功能，这里一应俱全。不过论景致，这里比较适合春季去，处处开满了花，一派生机勃勃的景象。河边有很多小石子，小朋友喜欢去砸水花。河里也有不少小鱼，不知道汪星人会不会盯住不放。玩累了拴上吊床，支好帐篷，吹着微风，看着一片一片的二月兰，惬意得不能再惬意！大桥南边很大很开阔，人很少，适合小朋友们追跑打闹。东边还有一片儿童乐园。

公园特点：适合带上小朋友和狗狗一起来的公园。

周边带狗用餐推荐：捌零烤鱼，私烤，老山咖啡

永定河森林公园

地址：石景山区莲石西路(近河堤路)
电话：010-52473949
☑ 绿化　☑ 停车场　☑ 免门票　☑ 烧烤　☑ 垂钓
☑ 划船　☑ 休息椅　☑ 湖水　☑ 儿童乐园
行车路线：由北京城区进入四环主路，沿四环主路行驶到岳各庄北桥进入南沙窝桥，沿南沙窝桥行驶到莲石西路—京原路，到达终点。

东坝
郊野公园

东坝郊野公园包括田野园、林趣园和艺趣园三大游览区。这里主打绿色生态郊游，无论你是遛狗还是赏鱼，东坝郊野公园绝对是个好去处。这里不仅有花海、鱼池和城市里少见的鸟类，还有摄影爱好者都爱的银杏树林。如果想带狗狗拍写真，这里再适合不过了。公园有 3 个故宫那么大。不仅有儿童游戏广场，还有旱冰场、网球场、篮球场等。但最重要的还是这里人少车少，狗狗可以尽情奔跑。这里还有美丽的人工湖，湖中的湖心亭是观景的绝妙之地。但是您家的狗狗是否适合划船，这个可要因狗而异了。总之这里设施齐全，无论是朋友小聚，还是家庭聚会，都可以找到适合的活动项目。而我们汪星人其实要求不高，只要一直陪在身边就好。

公园特色：周边设施最全的郊野公园。

小贴士：东坝郊野公园非常不好找，如果向当地人打听，千万别提"东坝郊野公园"，你一定要问"果园"的位置，当地人只认老名。

东坝郊野公园

地址：朝阳区东坝乡东五环外

| ✓ 免门票 | ✓ 绿化 | ✓ 停车场 | ✓ 采摘 | ✓ 烧烤 |
| ✓ 人工湖 | ✓ 划船 | ✓ 网球场 | ✓ 篮球场 | ✓ 旱冰场 |
| ✓ 采摘 |

行车路线：出北五环至机场二通道，焦庄村出口路西"红太阳生态园"旁边；或东五环—京顺路—机场辅路—东苇路—康各庄路。

东小口
森林公园

　　回龙观与天通苑一带养狗的宠友比较多，所以这里一定要推荐给大家。东小口森林公园就在天通苑和回龙观两大社区之间，是高楼林立间的一座天然氧吧，在周边宠友心目中有着颇高地位。这里空气不错，地方宽敞，下雪后也是狗狗们玩雪撒欢儿的好地方。如果周末不愿走远，可以带狗狗遛弯散步，也很是惬意。

　　公园特色：身处两大养狗社区之中，地理位置优势明显，可以满足宠友的社交需求。

　　周边用餐：夏娃的小馆德国餐吧

东小口森林公园

地址：昌平区东小口贺村南

☑ 免门票 ☑ 绿化 ☑ 停车场 ☑ 烧烤 ☑ 湖水

行车路线：八达岭高速路西三旗路口向东、森林大第路口左转，直行1.5公里可到公园西口；或沿立汤路（111国道）北行至立水桥北第一路口左转，西行1公里可到公园东门。

顺义双子湖
湿地公园

　　双子湖湿地虽然名气不大，但胜在人气旺。一走进公园大门最先看到的就是吃饭的烧烤园。这里露天式烧烤需自带食材，租用烧烤炉具或占用场地都是需要付费的。不过费用还算合理，无论多少人一起烧烤，场地费都是 50 元。吃饱了休息一会，还可以选择这里的自行车运动，两人一汪还是四人一汪？如果是体型较大的狗狗，我们还是建议选择四人座，把汪放在前座上（这样更安全）。又或者如果你的汪够听话，也可以一起去划划船。公园外的小摊上有租卖帐篷或吊床的，玩累了可以租个帐篷睡上一会儿，当然首要任务还是看好汪星人哦！

　　公园特点：可以满足带汪骑自行车、划船的愿望。

顺义双子湖湿地公园

地址：顺义区275乡道

设施： ☑ 绿化 ☑ 停车场 ☑ 免门票 ☑ 烧烤 ☑ 观光车 ☑ 划船 ☑ 餐厅 ☑ 湖水

行车路线：顺义区京平高速木燕路/北务/燕郊出口方向珠宝屯东桥向北木燕路田家营处，见双子湖湿地公园警示牌即到。

绿堤
郊野公园

　　公园很大，度娘说占地面积约 105 公顷，是目前北京市郊野公园中面积最大、投资最多的公园。因为园子大，特别适合狗狗们追跑打闹，大小型犬都能施展开拳脚。半天下来，保证回家乖乖睡觉，不再调皮捣蛋。公园里有空地，家长们可以放风筝，可以搭帐篷休息或者打打牌。这里有水和小木桥，非常适合拍照。因为地处西边，天气好的时候，傍晚时分还能看见日落，霞光迷人，景不醉人，人自醉啊！特别提醒：夏季正午时光，阳光很足，目前没有太多很高的树，所以乘凉的地方不好觅，建议一早一晚遛狗，切记给狗狗们多带些水，谨防中暑。

　　公园特点：面积最大的郊野公园。

绿堤郊野公园

地址：丰台区永定河畔，靠近西五环

设施：☑ 绿化　☑ 停车场　☑ 免门票　☑ 休息椅

行车路线：由北京城区行驶至京港澳高速公路，从西五环/京开高速方向右转驶入农场路，向前即可到达。

其他公园好去处

1 元土城遗址公园

地址：北京市海淀区北土城西路

☑ 绿化 ☑ 休闲椅 ☑ 免门票
☑ 停车场

2 八家郊野公园

地址：北京市海淀区东升乡五环路(近上清桥)

☑ 绿化 ☑ 休闲椅 ☑ 免门票
☑ 停车场 ☑ 湖水

3 四元桥大草坪

地址：北京市朝阳区芳园西路6号

☑ 绿化 ☑ 休闲椅 ☑ 免门票

4 八里桥音乐主题公园

地址：北京市朝阳区管庄乡1号

☑ 绿化 ☑ 休闲椅 ☑ 免门票
☑ 停车场

5 老山城市休闲公园

地址：北京市石景山区老山南路老山附近(近
八宝山人民公墓)

☑ 绿化 ☑ 休闲椅 ☑ 免门票
☑ 停车场 ☑ 小山坡 ☑ 大空场

6 潮白河森林公园

地址：北京市顺义区滨河北路

☑ 绿化 ☑ 停车场 ☑ 免门票 ☑ 烧烤
☑ 垂钓

7 西湖园

地址：北京市顺义区首都机场3号航站楼西南
角1千米(近航站楼联络线)

☑ 大草坪 ☑ 看飞机 ☑ 湖水
☑ 免门票

8 京浪岛公园

地址：北京市门头沟区永定河三家店水库北

☑ 免门票 ☑ 停车场 ☑ 放风筝

9 天门山森林公园

地址：北京市门头沟区潭柘寺镇南辛房村

☑ 4~11月开放 ☑ 免门票 ☑ 停车场
☑ 烧烤 ☑ 游泳 ☑ 捞鱼

10 野鸭湖国家湿地公园

地址：北京市延庆县八达岭长城脚下的官厅
湖畔

仅限小型犬

☑ 湖水 ☑ 绿地 ☑ 停车场 ☑ 原生态

带狗玩近郊

百泉山水
有点甜

　　百泉山随处可见清澈的小溪，这点对狗狗来说具有致命的诱惑。夏天喜欢游野泳的狗狗们不在少数，可以踩着小石头，调戏小鱼小虾，这样的游泳才乐趣无限。虽然这里收门票，但是我认为还是值得的。除了狗狗们可以爬山游泳满足近郊出行的所有期待，景点里的餐厅也解决了我们吃饭的问题。上午进入景点玩上一会儿，踩着饭点我们就可以到里面的农庄吃饭。这里的"泉水豆腐"是特色，红鳟鱼也比很多大名鼎鼎的地方来得正宗，总之一定不会让你失望。吃饱后正好可以爬爬山看看瀑布，接点"甜泉"尝一尝。没游尽兴的狗狗们还可以再玩上一会儿，时间刚刚好。

　　百泉山是个让人感觉很舒服的地方。人不算多，山不太陡，饭也可口，最重要的是，汪星人会很满意。

　　特点：小溪很清澈。

百泉山

地址：怀北镇椴树岭段西侧

门票：35元/人

☑ 停车场　☑ 漂流　☑ 游泳　☑ 爬山　☑ 餐厅

行车路线：怀柔区，沿京承高速行驶20公里至怀柔收费站，沿京密高速向北行驶4公里，进入京加路向北行驶25公里到达百泉山风景区。

树林中穿梭的

快乐

银山塔林是十三陵主要的国家级风景名胜区。这里是山美、树美、塔多。漫山遍野的松树、柏树和橡树，颜色呈现出深绿、浅绿等不同色彩。今天我们不游泳，不烧烤，只是来这里散散步。约上三两好友，带着我们的好伙伴汪星人悠闲行走于树海中，看着 ta 们奔跑在满山绿色中，我们的心情也跟着舒缓下来。汪星人都很喜欢在树林中穿梭，建议家长可以带上 ta 们喜欢的球类玩具，跟 ta 们一起在这里玩上一会儿。每到秋天，这里积上满地厚厚的落叶，简直是给汪拍外景的极佳胜地！银山塔林中的树海、塔林更是汪星人嬉戏打闹的天然场地，相信狗狗们一定会流连忘返。

银山塔林

地址：昌平区城北30公里兴寿镇西湖村

电话：010-89726426

门票：旺季成人25元；淡季成人15元

✓ 停车　✓ 爬山

行车路线：如果想欣赏山区风光，有一条稍远但风景很美的路线可以选择，即从马甸桥上京藏高速，前行至昌平西关出口出，前行200米过李自成雕塑的环岛，继续前行约800米，往十三陵方向的路口右转。一路前行至长陵门口右转，顺路进山过九渡河，在怀柔与昌平交界处右转即到。

勇敢汪的

游戏

十渡孤山寨中有两处著名的景点：龙山和白龙涧。相传这里曾有黑白两条龙作怪，导致拒马河水时常涨水伤害百姓，如来佛祖见状使法力降服了它们，将黑龙头部打上佛印点化为"龙山"，将白龙打入孤山寨谷底永不得翻身。如今，游客在白龙涧清澈的河水中仍仿佛可看到白龙身上的鳞片。

带汪星人来这里度假，有许多值得体验的景点，比如孤山寨六大奇观之一的"京郊第一铁索长桥"，这座桥也叫"晃桥"，是京郊最长的吊桥，深受年轻人喜爱。真正考验主人与汪星人胆量的时刻到啦！如果汪星人实在不敢过桥，身为"护花使者"的主人要抱着 ta 们过去哦～～另外，为了保证所有人的安全，主人一定要缩短牵引绳，让汪星人乖乖地跟在身边～

走到孤山寨的尽头即可到达野人谷，瀑布群位于孤山寨大峡谷中路，潭多、瀑高、水量大，壮观无比，在京城算是罕见的大瀑布了，非常适合拍照取景。站在山坡最高处，与汪星人一起感受这震耳欲聋的瀑布声，绝对是此行最难忘的经历。

十渡孤山寨

地址：房山区十渡风景名胜区七渡村南

电话：010-61340009

门票：75元/人

☑ 停车场　☑ 戏水　☑ 烧烤　☑ 爬山　☑ 烧烤

行车路线：由北京城区进入京港澳高速公路，在大石河桥从琉璃河出口离开，偏右转上匝道行驶330米，在第一个出口处进入岳琉路。行驶13公里左右进入房易路，在右前方进入云居寺路行驶12公里后进入周张路。沿着周张路行驶7.3公里右转进入涞宝路，顺着路标即可到达十渡孤山寨售票处。

可以吃到免费午餐的
上庄水库

　　烧烤的地点并不重要，关键在乎于心情，还有汪星人的陪伴。来到上庄水库，你一定会有些惊喜，也许是北京缺水的缘故，所以觉得水库大得近乎于奢侈。它很宽，宽阔的湖面仿佛盛下了整个蓝天；它很静，没有了游人的喧嚣，甚至连鱼儿在水中翻腾都能听得一清二楚。汪星人在这里折腾再适合不过了。每到春夏季，河两岸停满了来郊游的私家车，以及各家的汪。在南岸开阔的河滩上烧烤比较安全方便。来这里烧烤的人习惯把自己亲手钓上的鱼烤来吃，在这儿钓鱼一般不会空手而归，如果运气好，很快就会有鱼儿咬钩。拎着自己的战利品，到附近小饭馆把鱼开膛破肚洗刷干净，再撒上自带的椒盐、孜然、蒜姜粉，刷上烧烤酱后就可以上炉了，那种边咽口水边等待的滋味真是让汪百抓挠心啊。而这免费的午餐也会让我们乐趣大增。如果垂钓技术有限，可以自带食材或在周边的小馆预订。

　　你钓鱼，他生火，汪在一旁兴奋地欢蹦乱跳！ta们当然不知道待会的烤鱼与ta们完全无关！但是准备几串没有佐料的肉来烤一烤，这要求也不过分哦！

上庄水库

地址：海淀区上庄镇上庄村(近翠湖湿地公园)

电话：18310861336

☑ 免门票 ☑ 垂钓 ☑ 烧烤 ☑ 双人自行车

行车路线：八达岭高速北安河出口左转→北清路向西行驶7公里，看见上庄路蓝色路标→右转沿着上庄路北行4公里，看到水库大桥→向北过桥后左转沿水库北岸向西1公里（岔口向右）即到上庄钓鱼岛大门口，门口是一座白石小拱桥。

不到长城
非好汪

黄花城水长城是结合古长城、戏水、树林为一体的地方。这里的景色到了秋天就会让人心旷神怡，绝对是你带领汪来体验不一样的秋季景色的最佳胜地。它环绕在灏明湖畔，依山傍水，还有大规模的板栗园，树形奇特，是你带领汪们留影的好地方哦。在此拍照可以让你们体验到处于盘结仙境之间的乐趣。途中将与汪们一同走过龙尾洞、紫翠峰、醉女山、石浪谷、情人峰、三珠连潭等景点。

黄花城水长城周边有很多可以提供住宿的农家院，费用都不高。夜晚带着汪一起在农家小院中品尝美味，饭后还可以相依在繁星下散散步，享受凉凉秋意，美哉！

黄花城水长城

地址：怀柔区九渡河镇西水峪

电话：010-61651818

门票：成人45元／学生22元/老年人22元

☑ 停车场 ☑ 戏水 ☑ 爬长城 ☑ 环穿

行车路线：由京承高速宽沟出口出，宽沟路口左转，到达桥梓东口右转。一路沿怀长路前行，过九渡河后在东宫路口左转，一路顺标志进入景区。

春游典藏地
神堂峪

　　很多人春游都会去神堂峪。既然是春游选择的极佳地，自然有它的道理。每逢春天，这里山花烂漫，绿意盎然，小溪清澈，山路平缓，再适合汪星人不过了。如果你家汪怕水，不愿游泳，就带 ta 来这里吧。小溪不深，大型犬没不过腿，即使不喜好游泳也不会错过踩水这种娱乐项目，尤其是几只狗狗凑在一起，很快就会兴奋起来。在山路与小溪间你追我赶，一会儿上山一会儿下沟，溪边的大小石头都变成了 ta 们脚下的玩具。这简直是汪友间最好的社交地之一。

　　身处雁栖湖一带，吃饭是不愁的。如果懒得带烧烤的工具，不如还是虹鳟鱼和板栗红烧肉吧！这里距离山吧一带也不远，既然来到这边，不如吃点平时吃不到的农家菜。而且贴饼子是很多汪的挚爱！偶尔吃吃粗粮对我们和汪都很好哦～周边的农家院非常多，沿路开来就会看得到，如果想带汪在这里住上一天也不错。

神堂峪

地址：怀柔雁栖环岛西北8公里

电话：010-89617644

门票：15元/人

☑ 停车场　☑ 戏水　☑ 烧烤　☑ 爬山　☑ 烧烤

行车路线：由北京城区进入京密高速公路，沿京密高速公路行驶5.8公里，直行进入雁栖湖联络线，沿雁栖湖联络线行驶直行，稍向左转进入范崎路，沿范崎路行驶，右转进入神堂峪道，沿神堂峪道行驶7.3公里，到达神堂峪自然风景区。

与汪星人
打一场水仗

推荐这里必然是因为著名的漂流。白河峡谷是一条非常棒的线路，景色优美，技术操作难度小，安全有保障。橡皮筏很结实，一般情况下不会翻船。这里独有的漂流体验是在小桥下会过一个水滑梯，非常刺激。其他的很多漂流因为路线短，飘不到这里就上岸了，所以无法体会到。这里最好的玩法就是漂流打水仗，汪星人水中助阵。需要注意的是汪的体力，漂流路线较长，要及时引导汪上岸，避免体力不支。如果不打算玩漂流，自驾赏景也别有一番情趣。从青石岭村一直到漂流的尽头，美不胜收。水很清澈，累了还可以停下烧烤，汪星人也可以一路撒欢儿。

白河湾

地址：怀柔区琉璃庙镇青石岭村(近琉璃庙镇政府)

电话：010-69643107

门票：80元

☑ 停车场 ☑ 漂流 ☑ 游泳 ☑ 真人cs ☑ 烧烤

行车路线：由城区进入京承高速行驶，至京密高速公路/怀柔城区方向，进入怀柔桥；沿京密高速公路行驶至雁栖湖联络线，从京加路出口离开；沿京加路行驶，在前安岭二桥右转，直行即可到达。

七星级遛狗圣地之

云蒙峡

在北京养大中型犬，没去过云蒙峡，那么你真 out 了。云蒙峡被封为七星级遛狗圣地，吸引人的地方在于云蒙峡水势平缓，非常适合汪星人追逐打闹；流水不腐，山间水的水质肯定远胜过某些公园里漂着各种来路不明的浮游生物的"水塘"。要说多么完美可能有些夸张，但对于金毛、拉拉等狗，这几乎能满足一切要求。

云蒙峡主要特色概括为两个词——峡深、溪清。两山夹一溪，溪边沿一坡，许多户外爱好者喜欢从这里穿越。如果你体力足够好，沿着这舒缓的坡路走上两三个小时，汪星人会跟着你在路边的溪水中嬉闹两三小时，这一定是一个人狗同欢的快乐周末。回京途中经过一处翻建的野长城，没有遮挡物的长城极适合玩水后晒干背毛。

云蒙峡与周边的云蒙山景区、桃源仙谷景区还有密云水库距离都比较近，住宿、餐饮都很方便，周边的农家院均可带狗，吃饭人均 50 元左右。而我们最经常的选择是在景区内烧烤，六七好友，一只炉子，百余肉串，再背上俩西瓜，一早就放在水里冰着。中午烈日当空时吃着烤串啃西瓜，看汪星人在水中嬉戏。那一刻你总会明白，为何我们称之为七星级遛狗圣地。得到满足的不止是汪，还有你和你的小伙伴们。

云蒙峡

地址：密云县水库西线公路175号

电话：010-69050121

门票：20元

☑ 停车场　☑ 戏水　☑ 烧烤　☑ 爬山

行车路线：沿京承和密石（城）公路可直达云蒙峡口，然后沿通往对家河村的沙石公路行驶1.5公里即可进入景区。

虎峪自然风景区

　　虎峪自然风景区，一个拥有蓝天白云的世外桃源。在北京雾霾天气愈加严重的情况下，这里绝对是个不错的选择，还可以看到两只大"老虎"哦。虎峪山秀水更美，带着汪星人来玩耍再适合不过。不仅有天然游泳池，更有天然碧潭供选择。游泳戏水不说，还可以浮潜，潭水清澈到连汪星人的爪爪都能看得超清晰。景区内一道30米高的悬崖流下的瀑布，绝对是一大特色。带着汪星人感受这如梦如幻、神奇缥缈的自然世界吧。记得在必要时拴好牵引绳哦。

　　虎峪风景区保持了大自然的原始风貌，园区里没有什么卖吃的的地方，所以不准备去里面度假村的朋友，可以自己准备好食物和水，不要忘记汪星人的那一份呢。园区内的红房子度假村，有烧烤、篝火等众多娱乐项目，森林木屋就建在潭水边上，带着我们的汪星宝贝们在这里住上一宿，着实惬意。

虎峪自然风景区

地址：昌平南口镇虎峪村北
电话：010-69770295
门票：15元/人
开放时间：8：00-18：30

✓ 停车场　✓ 戏水　✓ 烧烤　✓ 爬山
✓ 篝火

行车路线：由北京城区进京藏高速，陈庄出口出，遇红绿灯右转，第一个丁字路口左转，第一个红绿灯右转，走到头左转，穿过村子，直行到达虎峪自然风景区。

其他近郊好去处

1 南马场水库

地址：石景山区黑石头村南马场

☑ 停车场 ☑ 溪水 ☑ 烧烤

2 灵山自然风景区

地址：北京市门头沟区清水镇

电话：010-61827994

门票：45元

☑ 停车场 ☑ 草原 ☑ 烧烤

3 野溪

地址：北京市门头沟区野溪

☑ 停车场 ☑ 溪水 ☑ 烧烤

4 京西古道自然风景区

地址：门头沟妙峰山镇水峪嘴村(近马致远故居)

电话：010-61880104

门票：25元

☑ 停车场

5 门头沟安家庄

地址：北京市门头沟区王平镇西侧

☑ 停车场 ☑ 戏水 ☑ 烧烤

6 落坡岭风景区

地址：门头沟区色树坟乡落坡岭村旁永定河谷

☑ 停车场 ☑ 戏水 ☑ 烧烤 ☑ 钓鱼

7 双龙峡风景区

地址：门头沟区斋堂镇火村

电话：010-69819310

门票：30元，套票60元

☑ 停车场 ☑ 爬山 ☑ 戏水 ☑ 小火车

8 天门山森林公园

地址：门头沟区潭柘寺镇南辛房村

电话：010-60864249

门票：26元

☑ 停车场 ☑ 爬山 ☑ 红叶

9 爨底下村

地址：门头沟区斋堂镇

电话：010-69816574

门票：30元

☑ 停车场 ☑ 住宿 ☑ 餐厅

10 老象峰风景区

地址：平谷区大华山镇小峪子村北5号

门票：30元

☑ 停车场 ☑ 爬山 ☑ 戏水

11 京东大峡谷

地址：平谷区山东庄镇鱼子村北

电话：010-60968317

门票：78元

☑ 停车场　☑ 爬山　☑ 戏水　☑ 快艇　☐ 皮艇

12 京东石林峡

地址：平谷区黄松峪乡雕窝村73号

电话：010-60987922

门票：78元

☑ 停车场　☑ 爬山　☑ 戏水

13 濂泉响谷

地址：怀柔区八道河乡

电话：010-61611740

门票：20元

☑ 停车场　☑ 爬山　☑ 戏水

14 京北第一漂

地址：怀柔山区琉璃庙乡龙潭涧自然风景区内

电话：010-61618157

门票：30元

☑ 停车场　☑ 漂流　☑ 戏水

15 清凉谷

地址：密云县石城镇四合堂

电话：010-69015455

门票：36元

☑ 停车场　☑ 漂流　☑ 爬山　☑ 戏水

16 雾灵山

地址：密云县新城子镇曹家路村

电话：010-81022498

门票：120元

☑ 停车场　☑ 爬山　☑ 戏水

17 乌龙峡谷旅游风景区

地址：延庆县沙梁子乡四潭沟村西

电话：010-60188559

门票：30元

☑ 停车场　☑ 爬山　☑ 戏水

18 延庆百里画廊

地址：北京市延庆县干沟村

电话：010-60188559

☑ 停车场　☑ 豆腐宴　☑ 戏水

19 玉渡山风景区

地址：延庆县张山营镇玉皇庙村东

电话：010-69190336

门票：50元

☑ 停车场　☑ 戏水　☑ 草坪

20 圣莲山风景区

地址：房山区史家营乡柳林水村

电话：010-60319012

门票：60元

☑ 停车场　☑ 观光车　☑ 缆车　☑ 爬山

景秀餐厅 代金券	鼓捣一点 代金券	Le Labo 酒水实验室 代金券

景秀餐厅 代金券

¥**12**元 （满100元使用） ¥**25**元 （满200元使用）

地址: 东城区 南锣鼓巷东棉花胡同36号
电话: 010-64079502

鼓捣一点 代金券

¥**30**元 （满100元使用）

地址: 西城区 南锣鼓巷炒豆胡同75号
电话: 13581650223

Le Labo酒水实验室 代金券

¥**40**元 （满200元使用） ¥**400**元 （满2000元使用,包场券酒水）

地址: 东城区南锣鼓巷菊儿胡同18号
电话: 010-56542511

为蓝俱乐部西餐厅 代金券

冬天：免费体验一次冰钓 + 瑜伽课
夏天：露营

地址: 顺义区杨镇汉石桥湿地公园内
电话: 010-61410108

百好乐披萨 代金券

¥**30**元 （满100元使用）

地址: 朝阳区工体西路7号
电话: 010-65513518

大爱园水上游乐园 代金券

¥**30**元 （游泳使用） ¥**200**元 （寄养使用）

地址: 昌平区沙河镇白各庄新村定泗路66
号上方水园内 电话: 13501158255

Yummy Box 望京店 代金券

¥**20**元 （满100元使用） ¥**50**元 （满200元使用）每次仅限一张

地址: 朝阳区望京阜安西路11号麒麟社新
天地AFA105号 电话: 010-57389034

鹊 La Pie 代金券

¥**50**元 （满100元使用）

地址: 五道营胡同60号
电话: 010-64056168

查理意大利小馆 代金券

¥**15**元 （满100元使用）
不可以外带，每
桌仅限一张

地址: 朝阳区东三环中路辅路天之骄子小
区底商 电话: 010-67768787

贝蒂丽雅法式披萨 代金券

¥**20**元 （满100元使用）

地址: 石景山区 石景山八角东街南头（近
八角游乐园西南门） 电话:010-56208008

帕尼诺餐吧 代金券

¥**15**元 （满100元使用），
招牌贝里诗咖啡半
价(每桌仅限用一张，
两张不能同时使用)

地址: 东城区南锣鼓巷南口福祥胡同3号
电话: 010-84039981

石榴树下法餐咖啡馆 代金券

¥**15**元 （满100元使用），
限周一至周五使用，
不能自带酒水饮料。

地址: 西城区地安门内大街油漆作胡同
7号 电话: 010-84084602

溪润餐屋 代金券

¥ **5** 元 （满100元使用）

地址: 东城区 安定门内大街箭厂胡同
1号 电话: 010-64087054

蚝邸餐厅 代金券

送价值25元辣炒花蛤一份

地址: 东城区 东直门南小街东四十二条3
号(近东直门医院) 电话: 010-84046112

老北京如家私访 代金券

¥**100**元

（满2000元使用。仅限包场10人以上）

地址: 东城区东四六条
电话: 010-64021229

吃面 代金券

¥**30**元 （满100元使用）

地址: 西城区鼓楼东大街81号
电话: 010-84023180

燕灶王烤鸭 代金券

¥**10**元

（限周一—周五使用，酒水除外）

地址: 海淀区 远大路1号金源燕莎购物中
心5楼 电话: 010-88861593

桐记小灶儿牛板筋火锅 代金券

¥**50**元 （满100元使用）

地址: 西城区 鼓楼西大街甘露胡同内200
米路东第二家 电话: 010-64457145

大槐树烤肉馆

满100元减20元，满400元减50元，有效期1年，仅限周一到周五使用。每桌仅能使用1张，不与店内其他活动同时使用。法定节假日及周末不得使用。

地址: 美术馆东街23号
电话: 010-64008891

私烤

¥30元 （满100元使用）

地址: 石景山区鲁谷路33-18号
电话: 13501010885

16锅盖

¥50元 （满100元使用）

地址: 朝阳区翠城馨园340号楼底商
电话: 010-67371857

Felix Bar Café

¥30元 （满100元使用）

地址: 朝阳区东大桥路45号
电话: 010-85794723

Grinders

¥20元 （满100元使用）

地址: 朝阳区东三环东柏街天之骄子2号院底商19号 电话: 010-87751847

蓝溪酒吧

2～4人的套餐可以优惠一张现场演出门票

地址: 西城区旧鼓楼大街183号
电话: 010-64032597

德国HB皇家酒馆

¥50元 （满100元使用）

地址: 西城区南官房胡同2号
电话: 010-83288311

老What酒吧

¥20元 （满100元使用）

地址: 西城区北长安街72号
电话: 13331112734

八度空间

¥5元

地址: 朝阳区百子湾南二路76号乐成国际5号楼3A 电话: 010-87724645

小喻咖啡

所有啤酒短饮一次性买6赠1

地址: 鼓楼东大街108-1号
电话: 13811820751

深海咖啡

¥10元 并送精美甜品。

地址: 朝阳区双营路11号院5号楼底商
电话: 010-84928285

陌迹咖啡

满300元减50元(含饮料);外带半价;包场满2000元减500元(只限酒水)。

地址: 西城区前海南沿5号
电话: 010-64060238

Vie-Hot Dog & Bar

¥20元 （满100元使用）

地址: 东城区五道营胡同甲75号
电话: 010-84083107

焦糖咖啡

¥50元 （仅限饮料使用）

地址: 东城区北锣鼓巷93号
电话: 13661263532

六只脚宠物训练

¥200元

电话: 18301588189

 Jane Pet Spa 私宠会所

精洗护理是30元代金券;美容是50元代金券;Spa被毛护理是80元代金券

地址: 朝阳区富力又一城A区东门A1单元101 电话: 010-59646709（提前一周预约）

特别提醒

本书所附餐厅、公园、宾馆等相关信息仅供参考，请以各地最终解释为准。

慢点儿出品